尾矿废渣的材料化加工与应用

杨华明　欧阳静　著

北　京

冶 金 工 业 出 版 社

2017

内 容 简 介

　　本书是一本关于尾矿废渣材料化加工与应用的专著,内容涉及尾矿废渣材料化加工的原理、技术及应用,主要介绍了尾矿废渣的加工与应用现状、钨尾矿废渣的高值化加工与应用、铝土矿尾矿制备聚合物填料、高岭土尾砂制备活性胶凝材料、高铝渣制备耐火材料及聚氯化铝、脱硫尾渣制备石膏砌块及其在混凝土掺合料和路基材料中的应用、铜尾矿提取重晶石的技术等。

　　本书可供从事矿物材料、环境工程、资源加工及相关领域的科技工作者阅读,也可作为高等院校相关专业研究生的教学参考书。

图书在版编目(CIP)数据

尾矿废渣的材料化加工与应用/杨华明,欧阳静著 . —北京:
冶金工业出版社,2017.9
ISBN 978-7-5024-7587-1

Ⅰ.①尾…　Ⅱ.①杨…　②欧…　Ⅲ.①尾矿—废渣—加工
利用　Ⅳ.①X751

中国版本图书馆 CIP 数据核字(2017)第 232048 号

出 版 人　谭学余
地　　　址　北京市东城区嵩祝院北巷 39 号　邮编　100009　电话　(010)64027926
网　　　址　www.cnmip.com.cn　电子信箱　yjcbs@cnmip.com.cn
责任编辑　杨　敏　刘晓飞　美术编辑　彭子赫　版式设计　孙跃红
责任校对　卿文春　责任印制　李玉山
ISBN 978-7-5024-7587-1
冶金工业出版社出版发行;各地新华书店经销;三河市双峰印刷装订有限公司印刷
2017 年 9 月第 1 版,2017 年 9 月第 1 次印刷
169mm×239mm;15 印张;293 千字;231 页
64.00 元
冶金工业出版社　投稿电话　(010)64027932　投稿信箱　tougao@cnmip.com.cn
冶金工业出版社营销中心　电话　(010)64044283　传真　(010)64027893
冶金书店　地址　北京市东四西大街 46 号(100010)　电话　(010)65289081(兼传真)
冶金工业出版社天猫旗舰店　yjgycbs.tmall.com
　　　　　(本书如有印装质量问题,本社营销中心负责退换)

前　言

矿产资源的高效利用是国家可持续发展的有力保障。尾矿废渣是矿石加工处理过程中产生的废弃物，其中还含有一定的有价资源，直接排放不但导致资源的流失，而且危害生态环境，所以尾矿废渣的高效综合利用已成为国家可持续发展的必然选择。利用尾矿废渣的特性，通过物理化学方法加工制备成新型功能或结构材料是实现其高值化、功能化和复合化利用的重要途径。

本书是作者利用矿物加工、化学、材料等多学科知识，将矿物加工的原理、方法与技术相结合，系统总结多年来在尾矿废渣材料化加工与应用方面的研究成果编写而成。全书共分7章：第1章介绍了尾矿废渣的分类及特点、材料化加工现状和应用前景；第2章介绍了钨尾矿废渣的高值化加工与应用，分析钨尾矿的特性，通过对钨尾矿加工与改性，将之应用于绿色建材、聚合物填料、微晶玻璃、陶瓷等领域；第3章主要介绍了铝土矿尾矿用于制备聚合物填料；第4章介绍了利用高岭土尾砂独特的化学成分和结构特点来制备活性胶凝材料，探索并优化制备工艺，检测其各项性能指标；第5章主要介绍了高铝渣的特性、高铝渣制备高铝砖和高铝轻质耐火材料、聚氯化铝的实验方法，优化制备工艺，并通过扩大试验考察工业化前景；第6章重点讨论了利用脱硫尾渣制备石膏砌块，以及脱硫尾渣在混凝土掺合料、路基材料中的应用；第7章介绍了铜尾矿资源的工艺矿物学，在此基础上研究并优化利用铜尾矿提取重晶石的技术。

在本书撰写过程中，得到了很多前辈、单位领导和同事的热情帮助与支持，以及国内许多同行、作者的历届研究生（胡佩伟、霍成立、胡小冬、梁伟斌、彭康、李阿鹏、陈光远、吕长征、张劲翼）的大力支持和帮助；陈洪运为本书做了大量的整理工作，在此一并表示衷心感谢！同时，书中还参考了一些国内外专家、学者的书籍、学术论文等资料，在此对文献作者致以最诚挚的谢意；在章后列出了相应的参考文献，如有遗漏，表示最诚恳的歉意。

　　由于本书所涉及的领域较广，其内容又涉及许多复杂的问题，限于作者水平，书中不足之处，恳请读者批评指正。

作　者
2017 年 4 月

目　录

1 绪 论

矿石是现有经济技术条件下能被利用的矿物集合体，由多种共生、伴生矿物组成，由于传统选矿工艺水平的限制，一些难于分选的共生、伴生矿物都进入尾矿。过去，由于受选矿技术制约往往不再对尾矿进行分选利用，选矿尾矿中含有多种难于分选的共生、伴生矿物。这类"废料"多以自然堆积法储存于尾矿库中，不仅侵占大量的土地，而且污染矿区与周边地区的环境，还存在着发生地质灾害的隐患，每年需要投入大量储存维护资金，尾矿日积月累堆积如山，已成为矿山企业沉重的包袱。很明显，尾矿废渣的综合利用必将对我国矿山的可持续发展产生重大而深远的影响。

近十几年来，尾矿废渣的利用有了突破性的进展。但总体而言，利用效果、技术装备水平还比较低，尾矿废渣的加工水平和产品品种、规模、质量与发达国家相比存在明显的差距。因此研究尾矿废渣的材料化加工与应用，就是将这些尾矿废渣变废为宝、化害为利，走出一条资源开发与环境保护相协调的矿业可持续发展道路。

1.1 尾矿废渣的分类及特点

1.1.1 尾矿废渣的分类

尾矿废渣是选矿厂在特定经济技术条件下，将矿石磨细、选取"有用组分"后所排放的废弃物，也就是矿石选别出精矿后剩余的固体废渣。一般是由选矿厂排放的尾矿矿浆经自然脱水后所形成的固体矿业废渣，是固体工业废料的主要组成部分，其中含有一定数量的有用金属和矿物，可视为一种"复合"的硅酸盐、碳酸盐等矿物材料，并具有粒度细、数量大、成本低、可利用性大的特点[1]。

按照尾矿废渣中主要组成矿物的组合搭配情况，可将尾矿分为如下 8 种类型[1]：

（1）镁铁硅酸盐型尾矿废渣。该类尾矿废渣的主要组成矿物为 $Mg_2[SiO_4]$·$Fe[SiO_4]$ 系列橄榄石和 $Mg_2[Si_2O_6]$·$Fe[Si_2O_6]$ 系列辉石，以及它们的含水蚀变矿物（如蛇纹石、硅镁石、滑石、镁铁闪石、绿泥石等），一般产于超基性和一些偏基性岩浆岩、火山岩、镁铁质变质岩、镁矽卡岩中。在外生矿床中，富镁矿物集中时，可形成蒙脱石、凹凸棒石、海泡石型尾矿。其化学组成特点为富镁、富铁、贫钙、贫铝，且一般镁大于铁，无石英。

（2）钙铝硅酸盐型尾矿废渣。该类尾矿废渣的主要组成矿物为 $CaMg[Si_2O_6]$ · $CaFe[Si_2O_6]$ 系列辉石、$Ca_2Mg_5[Si_4O_{11}](OH)_2$ · $Ca_2Fe_5[Si_4O_{11}](OH)_2$ 系列闪石、中基性斜长石，以及它们的蚀变、变质矿物（如石榴子石、绿帘石、阳起石、绿泥石、绢云母等），一般产于中基性岩浆岩、火山岩、区域变质岩、钙矽卡岩中。与镁铁硅酸盐型尾矿相比，其化学组成特点是：钙、铝进入硅酸盐晶格，含量增高；铁、镁含量降低，石英含量较小。

（3）长英岩型尾矿废渣。该类尾矿废渣主要由钾长石、酸性斜长石、石英及它们的蚀变矿物（如白云母、绢云母、绿泥石、高岭石、方解石等）构成，产于花岗岩自变型矿床，花岗伟晶岩矿床，与酸性侵入岩和次火山岩有关的高、中、低温热液矿床，酸性火山岩和火山凝灰岩自蚀变型矿床，酸性岩和长石砂岩变质岩型矿床，风化残积型矿床，石英砂及硅质页岩型沉积矿床。它们在化学组成上具有高硅、中铝、贫钙、富碱的特点。

（4）碱性硅酸盐型尾矿废渣。这类尾矿废渣在矿物成分上以碱性硅酸盐矿物（如碱性长石、似长石、碱性辉石、碱性角闪石、云母）及它们的蚀变、变质矿物（如绢云母、方钠石、方沸石等）为主。产于碱性岩中的稀有、稀土元素矿床，可产生这类尾矿。根据 SiO_2 含量，这类尾矿可分为：碱性超基性岩型、碱性基性岩型、碱性酸性岩型三个亚类，其中，第三亚类分布较广。在化学组成上，这类尾矿以富碱、贫硅、无石英为特征。

（5）高铝硅酸盐型尾矿废渣。这类尾矿废渣的主要组成成分为云母类、叶蜡石类等层状硅酸盐矿物，并常含有石英。常见于某些蚀变火山凝灰岩型、沉积页岩型及它们的风化、变质型矿床的矿石中。化学成分上，表现为富铝、硅，贫钙、镁，有时钾、钠含量较高。

（6）高钙硅酸型尾矿废渣。这类尾矿废渣主要矿物成分为透辉石、透闪石、硅灰石、钙铝榴石、绿帘石、绿泥石、阳起石等无水或含水的硅酸钙岩。多分布于各种钙矽卡岩型矿床和一些区域变质矿床。化学成分上表现为高钙、低碱、SiO_2 一般不饱和、铝含量一般较低的特点。

（7）硅质岩型尾矿废渣。这类尾矿废渣的主要矿物成分为石英及其二氧化硅变体，包括石英岩、脉石岩、石英砂岩、硅质页岩、石英砂、硅藻土以及二氧化碳含量较高的其他矿物和岩石。自然界中，这类矿物广泛分布于伟晶岩型，火山沉积-变质型，各种高温、中温、低温热液型，层控砂（页）岩型以及砂矿床型的矿石中。SiO_2 含量一般在 90% 以上，其他元素含量一般不足 10%。

（8）碳酸盐型尾矿废渣。这类尾矿废渣中，碳酸盐矿物占绝大多数，主要为方解石或白云石。常见于化学或生物-化学沉积岩型矿石中。在一些充填于碳酸盐岩层位中的脉状矿体中，也常将碳酸盐质围岩与矿石一道采出，构成此类尾矿。根据碳酸盐矿物是以方解石还是白云石为主，又可进一步分为钙质碳酸盐型尾矿和镁质碳酸盐型尾矿两个亚类。

1.1.2 尾矿废渣的特点

我国矿山固体废物排放量大，综合利用率低，但尾矿并不是只有百害而无一利的废物，大量有用成分损失在尾矿中。尾矿中绝大部分是非金属矿物，有石英、长石、绢云母、石榴子石、硅灰石、透辉石、方解石等，是许多非金属材料的原料。随着采选行业的发展，尾矿资源将源源不断地增加，这是一个尚未被挖掘且潜力很大的"二次资源"。若能充分加以开发和利用，则可创造出不可估量的财富。

尾矿的粒度大小与矿石性质以及选矿过程有关，但一般多为细砂至粉砂，具有较低的孔隙度，水分含量也较高，并具有一定的分选性和层理。我国多数矿山矿石嵌布粒度细，共生复杂，为获得高品位精矿，多数采用细磨后选别。因此，排出的尾矿中的有价物质多以细粒、微细粒存在，尾矿泥化与氧化程度较高，同时还有未单体解离的连生体存在，相对难磨难选。

由于尾矿是矿石磨选后的最终剩余物，因此含有大量的矿泥，且矿泥以细粒、微细粒形式存在，严重干扰尾矿中有价物质的回收。虽然粒度细的尾矿对某些建材制品的强度会产生不利影响，但只要根据其粒度、性质找出不同的回收利用途径，也会发挥很大的效益[1]。

1.1.3 尾矿废渣材料化加工的意义

我国矿业起步晚，技术发展不平衡，不同时期的选冶技术差距很大，大量尾矿占用农田和林地、危及矿区及周边生态环境，已成为制约矿业可持续发展的主要因素。《中国 21 世纪议程》已把"尾矿的处置、管理及资源化示范工程"列入了优先发展领域。据统计，我国 90% 以上的能源和 80% 以上的工业原料都来自矿产资源，为维持国民经济正常运转，年消耗矿物原料已超过 60 亿吨。跟国外相比，我国矿产资源形势不容乐观，主要矿产资源后备储量严重不足，资源利用率不高，环境污染严重。矿产资源的综合利用将对有效利用和合理保护矿产资源发挥积极作用，对推动我国经济增长方式由"粗放型"向"集约型"转变，实现资源优化配置和经济可持续发展具有重要意义。尾矿作为复合矿物原料，整体开发利用使其成为经济、实用的新矿产资源，不但可使原来资源枯竭或资源不足的矿山重新成为新资源基地，恢复或扩展生产，而且可充分利用不能再生的矿产资源和原有的矿山设施，发挥矿山潜力，使国家、企业不必大量投资基础建设就可获得大量已加工成细颗粒原料的矿产，并可以繁荣矿业和矿山城镇，减少环境污染、改善生态环境和整治国土等，具有巨大的社会、经济、环境效益[2]；同时，它还可以推动科技进步。

尾矿的成分复杂，种类繁多，还含有少量的微量元素，很难直接用于其他材料的生产，若用于复合材料中，需要改善尾矿粉末表面的活性，来提高它的利用率，并使它的附加值得到提高。其主要方法：一是减少尾矿颗粒细度增大其比表面积和表面能，如在机械化学改性法中利用超细粉碎及其他强烈机械力作用有目的地激活矿物颗粒表面，使其结构复杂或无定形化，并使矿物表面产生新鲜表面、高活性表面和表面能量的贮存与增高[3,4]；二是促进尾矿中某些矿物晶型的转变或改变其晶体结构，以提高其活性，如高岭石在500℃左右脱水，晶体结构受到破坏，生成无定形偏高岭石，其反应活性增高，一水硬铝石在450℃左右开始脱水，高温下生成α-Al_2O_3，活性增大；三是通过对尾矿表面进行改性，改变粉体表面的亲水性，以满足不同应用的需要。比较而言，国外尾矿的综合利用率达到70%，并取得了良好的经济效益，而在我国，对尾矿的研究处于起步阶段，尾矿的利用率才20%左右。

材料化加工是尾矿废渣的高效化应用的重要途径，是连接矿物天然特性与应用性能的桥梁，是矿物综合利用的关键方法。通过合适的材料化加工方法，充分发挥矿物的天然特性，增加和激发矿物的应用性能，制备高性能矿物材料，从而实现资源的高值化利用。尾矿作为一种重要的固体废弃物，一般具有矿物成分复杂、颗粒粒度较细、残余部分有价金属及药剂等特点，这给尾矿废渣材料化加工带来了新的挑战。针对尾矿的特点，开发高效的矿物加工与改性方法，变废为宝，实现尾矿废渣的综合利用，具有重大的理论意义和实际意义[5]。

1.2　尾矿废渣材料化加工现状

1.2.1　尾矿废渣预处理

1.2.1.1　尾矿废渣超细加工

超细加工是粉状物料高效化应用的重要途径，其作业过程是在外力作用下，通过冲击、挤压、研磨等克服物体变形时的应力与质点之间的内聚力，使块状物料变成细粉的过程。超细加工的目的：一是减少尾矿粒径、增加物料的比表面积，满足塑料填料粒径要求；二是增加尾矿粉体表面活性，以利于后续的粉体表面改性。

1.2.1.2　尾矿废渣表面改性

表面改性是矿物深加工的一种重要方法，经改性后的产品从一种原料变为具有特定功能、可直接利用的材料。根据应用的需要，采用物理、化学、机械等方法对矿物粉体表面进行处理，有目的地改善粉体表面物理化学性质，使无机矿物粉体在有机聚合物体系中具有良好的相容性和分散性。表面改性剂一般为两性表面活性剂，一端为亲水基团，另一端为疏水基团。

目前对无机粉体的表面改性方法多种多样，通常可以分为物理法、化学法和包覆法[6]，依据改性工艺不同可以分为涂覆法和偶联法[7]。另外也可以分为包覆法、沉淀法、表面化学法、接枝法和机械化学法[8]。

（1）包覆改性法[9]。包覆是利用有机物对无机粒子表面进行包覆以达到改性的方法，也称涂覆和涂层，其作用力主要为范德华力，是对无机粒子表面进行简单改性处理的一种常用方法。这种改性方法主要是提高了粉体的分散性，有效地减少了粉体的团聚。

（2）沉淀法。通过采用沉淀化学反应有目的地将新生成的沉淀产物沉积在无机粒子表面，形成不同于基体性质的"改性层"的方法，称为沉淀法改性。沉淀法作为一种液相法，通常易于操作和控制，同时包覆层的厚度也比较容易控制。常见的沉淀法改性涉及的改性物质为氧化锌、氧化锆和二氧化钛等氧化物，在颜料[10,11]和钛白[12,13]行业使用得较多。

（3）表面化学改性法。表面化学改性所指的基本上就是采用偶联剂及表面改性剂来改善无机粉体颗粒表面的性质，其主要作用方式是通过表面改性剂特定的基团与颗粒表面特定的某些基团发生化学反应来完成。由于该方法操作简单，成本相对较低，因此在有机或无机复合材料的制备行业中最为常用。基本上现有的橡塑行业中对无机粉体的表面改性均要涉及该方法的使用。常用改性试剂主要有偶联剂、高级脂肪酸及其盐等[14,15]。

（4）机械力化学改性法。无机粉体在超细粉碎过程中会有机械力效应，因此，在超细粉碎过程中实施表面化学改性称为机械力表面化学改性，该方法通常能够强化改性的效果[16]。无机粉体在超细粉碎过程中，在外界施加机械能的作用下不仅可以使颗粒的粒度减小，同时还有可能破坏粒子的表面结构，使得被粉碎的粉体粒子具有较高的表面能，处于一种活化的状态[17]。机械力化学改性不仅能够对粉体进行粉碎，还可以强化和促进表面改性的效果，这在固体颗粒的粒-粒包覆，以及表面接枝聚合物改性中常有应用[18,19]。

（5）表面接枝改性。表面接枝改性是在一定的外部激发条件下，将单体烯烃或聚合烯烃引入填料表面的改性过程，有时还需在引入单体烯烃后激发导致填料表面的单体烯烃聚合[20]。

1.2.2　尾矿废渣制备微晶玻璃

微晶玻璃又称玻璃陶瓷，兼具玻璃的基本性能和陶瓷的多晶特征，成为一类独特的新型材料[21]。由于微晶玻璃具有许多优良的性能，如机械强度高，热膨胀系数可调，介电损耗小，耐磨耐腐蚀性、化学稳定性及热稳定性好等，使得微晶玻璃不仅用于替代传统的玻璃或陶瓷以获得更好的经济效益及改善工作条件，而且开辟了许多新的应用领域，从而在能源[22,23]、电子[24]、建筑[25]、生物医学[26,27]等领域获得广泛应用。

以金属、非金属尾矿和炉渣废弃物为原料制备微晶玻璃具有很大的潜力，是解决环境污染和资源再生利用的一个具有重要意义的途径[28]。尾矿主要成分一般以 SiO_2、CaO、Al_2O_3、MgO 等氧化物形式存在，而这些氧化物也是微晶玻璃生产所需的重要原料。通过合适的生产工艺，利用尾矿制备微晶玻璃是一项"变废为宝"的可行技术。

目前研究较多的有硅灰石、堇青石、顽灰石等烧结微晶玻璃。此外还可以利用经晶化的粉末与其他原料复合，生产具有特殊性能的微晶玻璃，这种方法为微晶玻璃新材料的制备开辟了新天地。近些年来，随着材料检测分析技术的发展和计算机技术开始在材料设计方面的应用，逐渐实现了利用计算相图设计微晶玻璃，并得到较好的效果[29]。

（1）铁尾矿微晶玻璃。根据铁尾矿成分，尾矿微晶玻璃一般属 CaO-MgO-Al_2O_3-SiO_2（简称 CMAS）和 CaO-Al_2O_3-SiO_2（简称 CAS）体系。不同的硅氧比可以得到不同的晶相，当 SiO_2、Al_2O_3 含量低时，一般易形成硅氧比小的硅酸盐（如硅灰石），当 SiO_2、Al_2O_3 含量高时，易生成架状硅酸盐（如长石），玻璃结构稳定，难于实现晶化。近年来又有人研究了以 BaO-Fe_2O_3-SiO_2 为系统、主晶相为 $BaFe_{12}O_{19}$ 的微晶玻璃。

（2）铜尾矿微晶玻璃。由于受产地以及其他因素的影响，铜尾矿的化学组成波动较大，但是主要化学成分为 SiO_2，另外还含有相当数量的 Al_2O_3 和 Fe_2O_3、一定量的 CaO、K_2O 和 Na_2O 等。根据铜尾矿组成的特点，铜尾矿微晶玻璃一般选择 CaO-FeO-SiO_2 和 CaO-Al_2O_3-SiO_2 体系作为配料的依据。例如，以富铁铜尾矿制备微晶玻璃，在这个过程中回收得到铁，铁从中分离出来而剩余的矿渣成功地转变成白色微晶玻璃。

（3）金尾矿微晶玻璃。黄金矿山尾矿基本上都是以铝硅酸盐矿物为主的复合矿物原料，其矿物成分通常以石英、长石、云母类、碳酸盐类、黏土类、角闪石、石榴石、硅灰石、绿泥石及残留金属矿物为主。根据金尾矿组成的特点，金尾矿微晶玻璃一般选择 CaO-Al_2O_3-SiO_2、MgO-Al_2O_3-SiO_2 和 CaO-MgO-Al_2O_3-SiO_2 体系作为配料的依据。

（4）其他尾矿制备微晶玻璃。除了利用传统的铁尾矿、铜尾矿、金尾矿等制备微晶玻璃外，利用钼尾矿、镍尾矿、混合尾矿、锂辉石尾矿、石棉尾矿等制备微晶玻璃，也取得了一定的成果。

1.2.3　尾矿废渣制备陶瓷砖

尾矿主要成分为硅、铝的氧化物，并含有钙，与传统硅酸盐陶瓷原料较为相似，因此将尾矿废渣用于制备陶瓷不需要再做破碎处理，能耗和成本较低，具有天然的优势。目前国内外对铁尾矿[30~32]、粉煤灰[33,34]、工业废渣[35]、钨尾矿[36]等制备陶瓷进行了较多的研究,并取得了一定的进展。例如,以钒钛磁铁矿尾矿为主要原料制备性能优异的尾矿瓷质砖,产品性能达到或超过相关标准要求。

1.2.4 尾矿废渣制备聚合物填料

填料是塑料的必要组成部分。目前,市场中常用的填料主要为天然矿物及工业废渣等,此外还有木粉及果壳粉等有机填料及废热固性塑料粉等。填料是塑料助剂中应用最广泛、消耗量最大的一类助剂。填料所起的作用概括为:首先是增量作用,无机填料因其成本低廉而可以有效降低塑料制品成本,如 PVC 及 PP 中大量加入的碳酸钙;其次是补强作用,即填料作为补强剂改善制品的某些物理性能,如刚性、耐热性、尺寸稳定性、降低成型收缩率及抗蠕变性等;最后是功能作用,某些塑料制品在添加填料后具有原先不曾有的特殊功能,主要是因为填料化学组成的影响,如添加石墨可增加塑料的导电性、耐磨性,有的还可以改善绝缘性、阻燃性、消烟性及隔音性等。常用填料中天然矿物类填料主要为:$CaCO_3$、滑石粉、硅灰石、高岭土、云母、硅藻土、粉煤灰等[37~41]。

填料用于塑料的设计配方的要点[42,43]如下:

(1) 填料的吸油性及吸树脂性。填料具有吸油性和吸树脂性,主要表现在填料矿物的表面极性,反映为填料在高分子聚合物中的相容性、润湿性。在填充配方设计时应注意,配方体系中含有液体助剂时要选用吸油性小的填料,配方体系中含有液体树脂时要选用吸树脂性小的填料。

(2) 填料的表面处理。填料表面处理的目的是提高填料在高分子材料中的分散性、润湿性,增大填料同树脂的相容性。由于矿物一般是亲水性物质,在用作填料时应进行表面处理,其表面处理的原理是在无机矿物粉体表面枝接一层表面活性剂,使其亲水基与矿物表面活性官能团键合,亲油基与高分子聚合物键合。不同填料品种选择的表面活性剂也不同[44~46]。

尾矿是经过选矿后遗留下的二次资源,且粒度较细,容易加工成符合填料细度要求的原料。尾矿具有耐酸耐碱,不溶于水、油脂等溶剂,不吸潮,不易与塑料制品中的其他助剂发生化学反应的性质。尾矿粉体化学成分复杂,这给尾矿的利用带来一定的困难,目前单一无机矿物填料难以满足很多综合要求,填料成分、结构复杂化是橡塑填料的另一个重要的发展趋势,尾矿成分的复杂化,使得其在用作填料时能发挥其混合粒子协同效应,不同粒径的矿物粉体一起混合使用,可以保持和提高材料的一些性能,更好地满足填料要求[47~50]。这些优势为尾矿粉体作为填料奠定了基础。

1.2.5　尾矿废渣制备耐火材料

在耐火材料行业，高能耗高污染的生产，使得优质原材料的可用量正在递减，选择其他原料生产耐火材料是行业所需。研究发现，有些工业废渣中含有 Al、Mg 等耐火材料组成元素，理论上是可以作为耐火原材料。开发以废弃物制备耐火材料的工艺路线是经济环保的，符合国家发展战略。

1.3　尾矿废渣综合利用前景

尾矿废渣的综合利用是以较高的技术含量为前提，因此材料化加工是开发利用尾矿废渣的必由之路，是尾矿废渣综合利用的主题。

（1）充分发挥尾矿废渣的功能性特性，拓宽应用领域。尾矿废渣的综合利用是建立在对矿物性质研究和开发基础上的一系列增值技术。人们不断认识到尾矿废渣的性能及深入开发对尾矿市场开拓的深层次影响，认识到尾矿废渣的内在物质结构特征是正确设计和技术选定的基本依据。因此，充分挖掘尾矿废渣的特性，针对其性能开发相关技术及产品是尾矿废渣综合利用的发展趋势。

（2）尾矿废渣在绿色建材中的应用。绿色建材是少用天然资源而使用固体废弃物，采用清洁生产技术生产的无毒无害的建筑材料。在国外，绿色建材已得到广泛使用；在国内，它也正受到越来越多的重视。绿色建材的特点是：原料上使用大量固体废弃物而节约天然资源，采用低能耗无污染生产技术，生产过程中不使用有毒有害添加剂，产品可回收利用，无有害废弃物产生。随着资源日益紧缺，发展绿色建材的重要性越来越显著。如以尾矿为原料生产水泥混合材和混凝土掺合料是水泥工业重要的绿色建材，有利于水泥工业的可持续发展。

（3）环境保护走可持续发展道路。我国是世界上矿产资源丰富、品种齐全的国家之一，但由于我国人口众多，资源的人均占有量还不足世界平均水平的一半，加之近年来矿产开采能力的增加和无序开采的问题，使部分矿产的资源储备大幅度下降，矿物综合利用技术水平低下造成资源大量浪费、尾矿堆积、污染环境，破坏了生态平衡，这种局面应花大力气扭转。另一方面加强开发尾矿废渣资源，既可扩大矿物资源的综合利用，又可大幅度降低环境污染的治理成本。因此，综合利用种类繁多、储量丰富、价格低廉的尾矿废渣，走可持续发展道路，具有宽阔的前景。

参 考 文 献

[1] 印万忠，李丽匣. 尾矿的综合利用与尾矿库的管理 [M]. 北京：冶金工业出版社，2009.

［2］张渊，李俊锋，索崇慧. 矿山尾矿综合利用及其环境治理的意义［J］. 农业与技术，2000，20（4）：56~57.

［3］袁明亮，李俊，胡岳华. 复杂铝土矿浮选尾矿机械力化学表面改性研究［J］. 矿山综合利用，2005（2）：3~7.

［4］Mako E，Frost R L，Kristof J，et al. The effect of quartz content on the mechanochemical activation of kaolinite［J］. Journal of Colloid and Interface Science，2001，244（2）：359~364.

［5］王儒，张锦瑞，代淑娟. 我国有色金属尾矿的利用现状与发展方向［J］. 现代矿业，2010（6）：6~9.

［6］Colón G，Avilés M A，Navío J A，et al. Thermal behaviour of a TiO_2-ZrO_2 microcomposite prepared by chemical coating［J］. Joumal of Thermal Analysis Calorimetry，2002，67（1）：229~238.

［7］瞿雄伟，姬荣琴，潘明旺，等. 钛酸酯偶联剂在碳酸钙填充 PVC 中的应用研究［J］. 河北工业大学学报，2001，30（1）：84~88.

［8］Pezzotti G，Nishida T，Kleebe H J，et al. Effect of interface chemistry on the mechanical properties of Si_3N_4 matrix composites［J］. Journal of Materials Science，1999，34（7）：1667~1680.

［9］Lu J，Liu B，Yang H，et al. Surface modifieation of $CrSi_2$ nanocrystals with Polymer coating［J］. Journal of Materials Science，1998，17（19）：1605~1607.

［10］郑水林. 影响粉体表面改性效果的主要因素［J］. 中国非金属矿工业导刊，2003（1）：13~16.

［11］晋日亚，王培霞. 聚丙烯改性研究进展［J］. 中国塑料，2001，15（2）：20~23.

［12］Huang S C，Lin T F，Lu S Y，et al. Morphology and surface modification by TiO_2 deposits on a porous ceramic substrate［J］. Journal of Materials Science，1999，34（17）：4293~4304.

［13］Mohanty A K，Mubarak A. Khan，Sahoo S，et al. Effect of chemical modification on the performance of biodegradable jute yarn- Biopol composites［J］. Journal of Materials Science，2000，35（10）：2589~2595.

［14］Sousa R A，Reis R L，Cunha A M，et al. Coupling of HDPE/hydroxyapatite composites by silane-based methodologies［J］. Journal of Materials Science，2003，14（6）：475~487.

［15］刘婷婷，张培萍，吴永功. 铝酸酯改性滑石粉的反应机理及其在橡胶中的应用［J］. 硅酸盐学报，2002，30（5）：608~611.

［16］杨慧芬，周张健，蒋胜昔，等. 伊利石的机械力化学改性研究［J］. 中国矿业，1998，7（2）：62~64

［17］吴其胜，张少明，周勇敏，等. 无机材料机械力化学研究进展［J］. 材料科学工程，2001，19（1）：137~142.

［18］李东林，王吉贵，牛西江. 偶联剂在包覆层中的应用研究［J］. 火炸药，1997，20（4）：3~6.

［19］陈晓梅，沈经纬. 马来酸酐接枝聚丙烯/石墨导电纳米复合材料的研究［J］. 高分子学报，2002（3）：331~335.

［20］王淀佐，邱冠周，胡岳华. 资源加工学［M］. 北京：科学出版社，2005.

[21] 蔡嗣经，杨鹏. 金属矿山尾矿问题及其综合利用与治理 [J]. 中国工程科学，2000，2 (4)：89~92.

[22] 陈沛云，冯秀娟. 钨尾矿农田重金属空间分布特征研究 [J]. 安徽农业科学，2011，39 (23)：14039~14040.

[23] 卢友中. 选冶联合工艺从钨尾矿及细泥中回收钨的试验研究 [J]. 江西理工大学学报，2009，30 (3)：70~73.

[24] Zhao Z W, Li J T, Wang S B, et al. Extracting tungsten from scheelite concentrate with caustic soda by autoclaving process [J]. Hydrometallurgy, 2011, 108 (1-2): 152~156.

[25] 黄光耀，冯其明，欧乐明，等. 浮选柱法从浮选尾矿中回收微细粒级白钨矿的研究[J]. 稀有金属，2009，33 (2)：263~266.

[26] 周晓彤，邓丽红，廖锦，等. 白钨浮选尾矿回收黑钨矿的强磁选试验研究 [J]. 中国矿业，2010，19 (4)：64~67.

[27] Zhao Z W, Cao C F, Chen X Y, et al. Separation of macro amounts of tungsten and molybdenum by selective precipitation [J]. Hydrometallurgy, 2011, 108 (3-4): 229~232.

[28] 傅联海. 从钨重选尾矿中浮选回收钼铋的实践 [J]. 中国钨业，2006，21 (3)：18~20.

[29] 申少华，李爱玲. 湖南柿竹园多金属矿石榴石资源的开发利用 [J]. 矿产与地质，2005 (4)：432~435.

[30] Liu N, Yu C W. Complexity of Ore-controlling Fracture System of Dajishan Tungsten Deposit, China [J]. Earth Science Frontiers, 2009, 16 (4): 320~325.

[31] Peng J, Zhou M F, Hu R, et al. Precise molybdenite Re-Os and mica Ar-Ar dating of the Mesozoic Yaogangxian tungsten deposit, central Nanling district, South China [J]. Mineralium Deposita, 2006, 41 (7): 661~669.

[32] Feng C, Zeng Z, Zhang D, et al. SHRIMP zircon U-Pb and molybdenite Re-Os isotopic dating of the tungsten deposits in the Tianmenshan-Hongtaoling W-Sn orefield, southern Jiangxi Province, China, and geological implications [J]. Ore Geology Reviews, 2011, 43 (1): 8~25.

[33] Liu C P, Luo C L, Gao Y, et al. Arsenic contamination and potential health risk implications at an abandoned tungsten mine, southern China [J]. Environmental Pollution, 2010, 158 (3): 820~826.

[34] Koutsospyros A, Braida W, Christodoulatos C, et al. A review of tungsten: From environmental obscurity to scrutiny [J]. Journal of Hazardous Materials, 2006, 136 (1): 1~19.

[35] Petrunic B M, Al T A. Mineral/water interactions in tailings from a tungsten mine, Mount Pleasant, New Brunswick [J]. Geochimica Et Cosmochimica Acta, 2005, 69 (10): 2469~2483.

[36] Petrunic B M, Al T A, Weaver L. A transmission electron microscopy analysis of secondary minerals formed in tungsten-mine tailings with an emphasis on arsenopyrite oxidation [J]. Applied Geochemistry, 2006, 21 (8): 1259~1273.

[37] Osman M A, Atallah A, Suter U W. Influence of excessive filler coating on the tensile properties of LDPE-calcium carbonate composites [J]. Polymer, 2004, 45 (4): 1177~1183.

[38] Yang H, Li B, Wang K, et al. Rheology and phase structure of PP/EPDM/SiO$_2$ ternary com-

posites ［J］. European Polymer Journal, 2008, 44 （1）: 113~123.

［39］ Buggy M, Bradley G, Sullivan A. Polymer-filler interactions in kaolin/nylon 6, 6 composites containing a silane coupling agent ［J］. Composites Part A Applied Science & Manufacturing, 2005, 36 （4）: 437~442.

［40］ Liu X B, Zou Y B, Cao G P, et al. The preparation and properties of biodegradable polyesteramide composites reinforced with nano-$CaCO_3$, and nano-SiO_2 ［J］. Materials Letters, 2007, 61 （19-20）: 4216~4221.

［41］ Yang Y F, Gai G S, Cai Z F, et al. Surface modification of purified fly ash and application in polymer ［J］. Journal of Hazardous Materials, 2006, 133 （1-3）: 276~282.

［42］ 张玉龙. 塑料配方及其组分设计宝典 ［M］. 北京: 机械工业出版社, 2005.

［43］ 王文广, 孙立清. 塑料配方设计的一些要点 ［J］. 塑料助剂, 2006 （4）: 41~46.

［44］ Wu J H, Huang J L, Chen N H, et al. Preparation of modified ultra-fine mineral powder and interaction between mineral filler and silicone rubber ［J］. Journal of Materials Processing Technology, 2003, 137 （1-3）: 40~44.

［45］ Ahmad Ramazani S A, Rahimi A, Frounchi M, et al. Investigation of flame retardancy and physical-mechanical properties of zinc borate and aluminum hydroxide propylene composites ［J］. Materials & Design, 2008, 29 （5）: 1051~1056.

［46］ 郑水林. 非金属矿粉体加工技术现状与发展 ［J］. 中国非金属矿工业导刊, 2007 （4）: 3~7.

［47］ 塑料工业编辑部. 1996~1997 年我国塑料工业进展 ［J］. 塑料工业, 1998 （2）: 79~111.

［48］ Mun K J, Choi N W, So S Y, et al. Influence of fine tailings on polyester mortar properties ［J］. Construction & Building Materials, 2007, 21 （6）: 1335~1341.

［49］ Bhimaraj P, Burris D, Sawyer W G, et al. Tribological investigation of the effects of particle size, loading and crystallinity on poly （ethylene） terephthalate nanocomposites ［J］. Wear, 2008, 264 （7-8）: 632~637.

［50］ Gong G, Xie B H, Yang M B, et al. Mechanical properties and fracture behavior of injection and compression molded polypropylene/coal gangue powder composites with and without a polymeric coupling agent ［J］. Composites Part A Applied Science & Manufacturing, 2007, 38 （7）: 1683~1693.

2 钨尾矿的高值化加工与应用

2.1 引言

钨在国民生产生活中占有重要地位，是一种重要的有色金属。我国钨储量居世界首位，钨尾矿作为我国一种特色的尾矿，研究其综合利用需要结合我国实际情况综合考虑。

钨单质为银白色，熔点高，硬度、密度大，常温下不易腐蚀，是现代工业不可缺少的金属元素之一。钨合金具有高密度、高硬度、高熔点等众多优点，是制备切削刀具、钻头、穿甲弹等的重要材料，关系到国防、航空等高科技战略领域，钨化合物材料也被广泛用于环保、能源和催化等领域。因此，世界上许多国家都将钨作为战略储备资源。我国钨矿资源丰富，种类齐全，储量居世界第一，合理开发钨矿资源对我国钨矿山可持续发展具有重要意义。

钨矿在成矿过程中多数以氧化物形式存在，即钨酸盐类，很少形成硫化物，自然界没有钨单质存在。钨矿床可分为黑钨矿-石英矿系、白钨矿-石英矿系、钨锰矿-石英矿系、伟晶岩矿系和砂钨矿床，其中最有工业价值的为黑钨矿（钨锰铁矿）和白钨矿（钨酸钙矿）。黑钨矿-石英矿系分为石英型黑钨矿床、长石-石英型黑钨矿床、云英岩黑钨矿床和辉锑矿-石英黑钨矿床。白钨矿-石英矿系分为石英型白钨矿床、矽卡岩型白钨矿床、重晶石-石英型白钨矿矿床、石英-碳酸盐型白钨矿矿床、云英岩白钨矿矿床和辉锑矿-自然金型白钨矿矿床。

钨尾矿为钨原矿经选别提取钨后残留的脉石矿物。钨矿一般品位较低，约为0.1%~0.7%，导致钨矿回收率较低，产生大量尾矿，钨矿选矿过程中尾矿与精矿的比例一般达 9∶1。钨矿资源可分为黑钨矿、白钨矿和混合钨矿三种资源，根据矿床类型不同，选矿技术条件差别较大。其中，黑钨矿以重选为主，部分精选可用干式强磁选完成；白钨矿则以浮选为主；混合钨矿则要综合利用黑钨矿和白钨矿选矿技术，当要综合回收的组分较多时，选别工艺也相应更加复杂。

钨尾矿主要由脉石矿物以及围岩矿物组成，多为非金属矿[1]。根据钨矿种类不同，其脉石矿物也有所区别。黑钨矿属于气化高温热液型矿床，多为石英大脉型或细脉型钨矿床，呈粗板状或细脉状晶体富集，粒度较粗，主要脉石矿物有：石英、石榴子石、长石、云母、萤石和方解石。白钨矿主要为复合型和砂岩型，常与钼、铋等有色金属共生，粒度较细，主要脉石矿物有辉石、透辉石、石英、石榴子石、硅灰石、长石、萤石、方解石、电气石等[2]。钨尾矿主要化学成分包括 Si、Al、Ca、Mg、Fe 等，根据具体情况而含量分别有所不同。

钨尾矿具有如下特点：钨尾矿堆存量巨大，每年排放的新尾矿加上堆积的老尾矿，需要根据各自的特点找到高效利用的途径；许多钨尾矿中含有有价金属矿和非金属矿，可通过选矿或冶炼回收；钨尾矿颜色浅，性质稳定，可用作惰性填充料；钨尾矿颗粒较细，用作细物料可以节约磨矿成本；有些钨尾矿含有可浸出重金属和有害物质，若不妥善处理，可能污染土壤和河流[3~7]。

钨矿通常与一些其他有价金属伴生，如锑、铍、钴、金、锡、钼、铋、铜、铅、锌、银等，部分有价金属进入尾矿[8~10]。随着资源短缺问题越来越严重以及选矿技术条件进步，回收这些有价金属是可能的也是必要的[11~15]。目前，钨尾矿中回收较多的有价金属包括钨、钼、铋[16]。钨矿的脉石成分主要为非金属矿，其中部分可通过选矿方法回收利用，如石榴子石、萤石、石英、云母[17~21]等。从钨尾矿中回收这些有价非金属矿，可进一步提高钨矿综合利用率，大大减少尾矿排放量[22,23]。

钨尾矿主要化学成分与传统建筑材料相似，且粒度较细，性质稳定，作为建材原料整体利用有着天然的优势[24~31]。钨尾矿整体利用包括以尾矿为原料生产水泥、玻璃、矿物聚合物材料、陶瓷等[32~40]。钨尾矿整体利用既可固定钨尾矿中的有害成分，又可最终实现无尾矿矿山建设，在保护环境方面具有重要意义。

2.2 钨尾矿预处理

2.2.1 钨尾矿的特性研究

钨尾矿特性研究是钨尾矿资源综合利用的基础，是开发高性能矿物材料的必要步骤。借助 X 射线衍射、电子显微镜、光学显微镜、化学分析、热分析等测试手段对钨尾矿的化学成分、矿物组成、微观结构、宏观性质等进行系统的矿物材料学研究，其目的是综合评价钨尾矿的应用潜力，指导钨尾矿的加工与改性。

2.2.1.1 钨尾矿的化学成分

（1）钨尾矿 X 射线荧光光谱分析。钨尾矿的化学成分是钨尾矿综合利用的物质基础。通过 X 射线荧光光谱分析对某地钨尾矿进行全元素半定量分析，然后根据元素含量情况及应用需要，通过化学方法对钨尾矿进行针对性的定量分析。钨尾矿 XRF 分析采用 X 射线荧光光谱仪测试，试样采用压片法，分析结果见表 2-1。

表 2-1 钨尾矿 X 射线荧光光谱分析结果

成　分	质量分数/%	成　分	质量分数/%
SiO_2	35.965	SO_3	0.163
CaO	26.081	TiO_2	0.123
Fe_2O_3	15.090	K_2O	0.049

续表 2-1

成　分	质量分数/%	成　分	质量分数/%
Al_2O_3	8.378	Cr_2O_3	0.025
MnO	2.563	SnO_2	0.024
MgO	2.281	V_2O_5	0.021
F	0.352	ZnO	0.020

结果表明，钨尾矿所含主要元素为 Si、Ca、Fe、Al、Mn、Mg 等，重金属元素含量较低，有价金属 W、Mo、Bi 等含量低于检测下限。

（2）钨尾矿化学定量分析。化学定量分析是指依据相应的国家标准以化学方法定量分析钨尾矿中各主要化学成分的含量。钨尾矿化学定量分析结果见表 2-2，所测样品在 110℃下烘干 24h，测得钨尾矿含水率为 15%，钨尾矿烧损为 2.30%。

表 2-2　钨尾矿化学定量分析结果

成　分	Al_2O_3	CaO	MgO	SiO_2	Fe_2O_3	F
质量分数/%	8.70	28.02	1.12	36.52	11.71	0.80

2.2.1.2　钨尾矿的矿物组成

钨尾矿的矿物组成及各矿物之间的嵌布关系直接决定钨尾矿的性质及应用方向，是钨尾矿综合利用的矿物学基础。采用经典的矿物学鉴定手段，结合现代材料测试方法对钨尾矿进行全面的矿物组成分析。

（1）钨尾矿 X 射线衍射分析。钨尾矿 XRD 分析采用 X 射线衍射仪测试，工作条件为：管电压 40kV，管电流 40mA，CuK_α 线，$\lambda = 0.154056$ nm，采用石墨单色器，步进角度 0.02°，采样时间 0.01s，扫描范围 5°<2θ<80°。分析结果如图 2-1 所示。

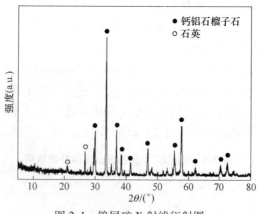

图 2-1　钨尾矿 X 射线衍射图

由图可知，钨尾矿各衍射峰的峰形狭窄尖锐对称，且峰值较高，说明钨尾矿矿物结晶程度较高。主要衍射峰与钙铝石榴子石（$Ca_3Al_2(SiO_4)_3$，PDF No. 72- 1491）和石英（SiO_2，PDF No. 65- 0466）一致，全峰拟合估算得石榴子石相对含量约为88.14%。由元素分析可知，钨尾矿铁含量较高，而从 XRD 分析未检测到含铁矿物，可能是因为铁固溶于石榴子石，晶格取代钙铝石榴子石中的铝原子而造成的。

（2）钨尾矿矿相显微镜分析。将钨尾矿粉末样品与树脂混合，煮胶定形后，切片并表面抛光，制成光片在矿相显微镜观察。将制好的光片放在透反两用偏光显微镜下观察，观察结构如图 2-2 所示。

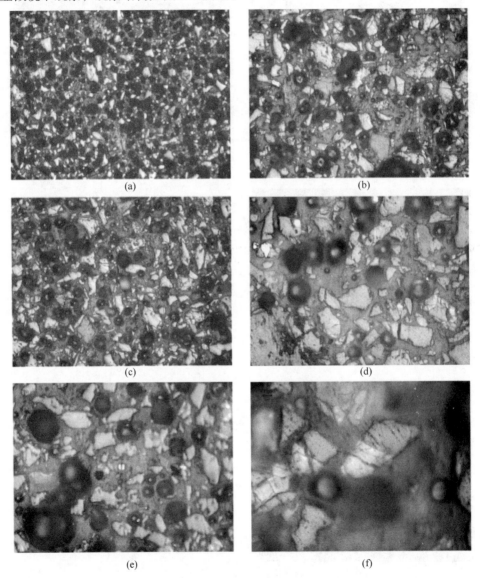

(a)　　　　　　　　　　　(b)

(c)　　　　　　　　　　　(d)

(e)　　　　　　　　　　　(f)

图 2-2　钨尾矿矿相显微镜图

由图 2-2 可知，钨尾矿矿物种类复杂，分布均匀，多为不规则颗粒状，颗粒尺寸从几十到几百微米不等。颗粒呈正高突起的矿物为石榴子石，因铁含量较高，矿物呈深绿色。石英矿物颗粒相对较粗，正低突起，无解理，呈溶蚀状，表面光滑。

（3）钨尾矿扫描电镜分析。利用扫描电子显微镜观察钨尾矿微观形貌，并进行微区成分分析，结果如图 2-3 所示。

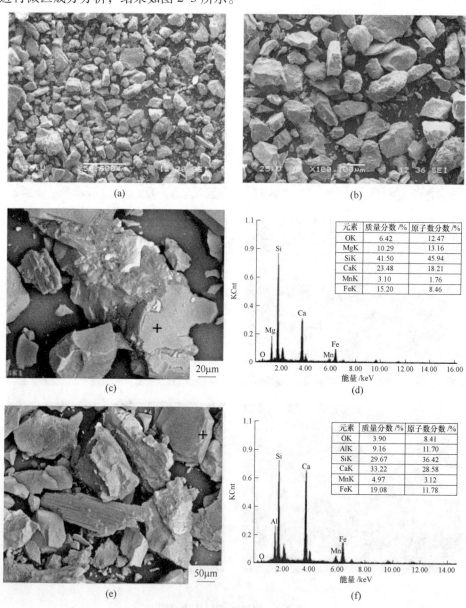

图 2-3　钨尾矿扫描电镜图

图 2-3（a）~（c），（e）为钨尾矿不同倍率下的扫描电镜图，图中浅灰色颗粒外形不规则，尺寸分布在几十到几百微米，颗粒表面光滑，存在块状、束状等不同形貌，不同矿物间紧密嵌布。微区成分分析显示，尾矿中主要化学成分为 Ca、Si、Al、Fe、Mg，与元素分析结果相符。不同矿物之间成分差异较大，可根据微区成分大致鉴定钨尾矿中钙铁石榴子石、钙铝石榴子石、石英等及其相对含量。

2.2.1.3 钨尾矿的性质

钨尾矿的性质是钨尾矿综合利用的保证，通过热分析研究钨尾矿的热稳定性，通过红外分析研究钨尾矿的表面性质。

（1）钨尾矿热分析。钨尾矿热分析图如图 2-4 所示，包括热重分析和差热分析。

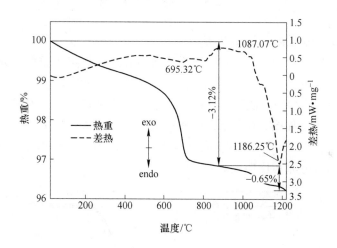

图 2-4 钨尾矿热分析图

由钨尾矿热分析图可见，在 695.32 ℃左右有一个明显的吸热峰，伴随着约 3.12% 的失重，为碳酸盐分解所致；在 1186.25 ℃左右有一个大的吸热峰，对应的失重约为 0.65%，为矿物的熔化所致。总体来看，钨尾矿热稳定性较好，加热过程中质量损失较少。

（2）钨尾矿红外分析。钨尾矿红外分析图如图 2-5 所示。由图 2-5 可以看出，红外光谱中峰主要在 $3741.2cm^{-1}$、$3641.5cm^{-1}$、$1796.3cm^{-1}$、$1694.6cm^{-1}$、$1444.6cm^{-1}$、$911.0cm^{-1}$、$852.9cm^{-1}$、$528.4cm^{-1}$ 处。$3741.2cm^{-1}$ 和 $3641.5cm^{-1}$ 对应于 Si—OH 和 Al—OH 伸缩振动峰，$1796.3cm^{-1}$ 和 $1694.6cm^{-1}$ 对应于 O—H 弯曲振动峰，$1444.6cm^{-1}$ 对应于碳酸盐矿物中 C—O 伸缩振动峰，$911.0cm^{-1}$、$852.9cm^{-1}$ 和 $528.4cm^{-1}$ 分别对应于石榴子石中 Si—O 和 Al—O 的伸缩振动峰。

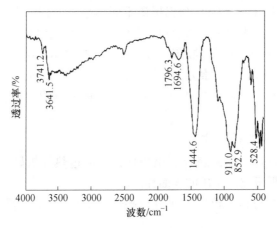

图 2-5　钨尾矿红外分析图

2.2.1.4　钨尾矿的粒度分析

钨尾矿粒度分析包括钨尾矿粒度分布和各粒级矿物组成。粒度分析有助于钨尾矿在不同领域的高效利用，根据应用需求选择合适的磨矿、筛分方法。

（1）钨尾矿激光粒度分析。采用激光粒度测试仪对钨尾矿进行粒度分析，钨尾矿粒度分布图如图2-6所示，尾矿粒度呈正态单峰分布在100μm附近，粒度分布相对集中，d_{50}为55.27μm，d_{90}为106.35μm，钨尾矿粒度曲线包括积分分布粒度曲线和微分分布粒度曲线。

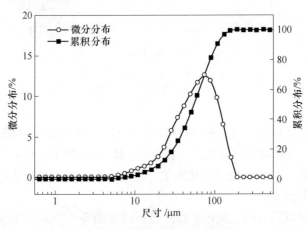

图 2-6　钨尾矿的粒度分布图

（2）钨尾矿筛分分析。钨尾矿筛分分析是利用不同目数的标准筛，从上到下由粗到细叠加，称取一定质量的钨尾矿置于最上层，在振筛机上振动5min后，分别称量各标准筛上钨尾矿的质量，分析结果见表2-3。筛分分析结果表明，钨尾矿主要分布在 0.074mm 到 0.038mm 之间，含量达 62.01%，0.147mm 以上含量较低，仅占 2.06%，0.038mm 以下含量占 12.67%。

表 2-3　钨尾矿筛分分析结果

尺寸/mm	+0.3	−0.3+0.147	−0.147+0.074	−0.074+0.038	−0.038
含量/%	0.16	1.90	23.20	62.01	12.67
估算石英含量/%	52.1	32.1	13.7	3.7	1.8

对钨尾矿各筛分粒级进行 XRD 分析，分析结果如图 2-7 所示。由图可见，随着粒度变细，石榴子石最强峰强度不断变强，石英最强峰强度逐渐变弱，全峰拟合估算石英含量见表 2-3，粒度越细，石英含量越低，石榴子石在细颗粒中富集，这种现象与石榴子石和石英成矿过程有关。因此，可利用筛分方法提高石榴子石纯度。

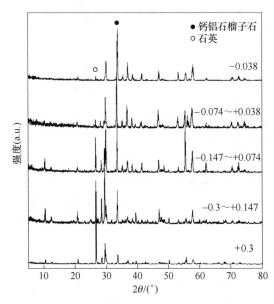

图 2-7　钨尾矿不同粒级 XRD 图

2.2.2　钨尾矿的超细加工

超细加工一般作为矿物加工的第一步，是提高矿物附加值的一条重要途径，其主要目的是减少矿物粒径，增加矿物比表面，提高矿物表面活性。

磨矿过程是矿物加工的重要环节之一，直接影响粉末物料的性能与质量。为了实现磨矿过程的高产、优质、低能耗，提高磨机的磨矿能力，通常将大小不同的磨矿介质按一定的比例混合装入磨机内，球料比一般为 3∶1~10∶1。

　　锥形球磨机在矿物加工中一般作为标准磨机，用于评价矿物的可磨性，在选矿、冶金、建材、化工实验室应用广泛。根据磨矿方式，可分为干式磨矿和湿式磨矿；根据排矿方式，可分为格子型和溢流型。

　　由锥形球磨机磨矿结果（表2-4）可知，随着磨矿时间的延长，0.074mm以上物料含量逐渐降低，0.038mm以下物料含量逐渐升高。磨矿时间小于1.5h时，物料粒度下降较快，超过1.5h，物料粒度下降速率逐渐减慢。磨矿时间达到3h，钨尾矿0.038mm以下物料达90%以上。掺加激发剂CaO（10g）磨矿2h，与未掺加激发剂磨矿2h相比，物料粒度相差不大，说明CaO对钨尾矿的磨矿行为无影响。

表 2-4　锥形球磨机磨矿筛分结果

磨矿时间/h	尺寸/mm		
	+0.074	−0.074+0.038	−0.038
0	25.32	62.01	12.67
0.3	16.00	37.90	46.10
0.7	12.70	38.70	48.60
1	4.83	28.60	66.57
1.5	3.80	16.60	79.60
2	3.20	13.92	82.88
2.5	2.30	10.00	87.70
3	1.74	5.94	92.32
2（加CaO）	3.30	15.00	81.70

　　筒形球磨机为中型干法球磨机，广泛应用于水泥、建材、化肥、矿业及玻璃陶瓷等行业，可用于实验室磨矿，也可用于扩大试验及小规模生产。

　　由筒形球磨机磨矿结果（表2-5）可知，按钨尾矿粉体d_{90}粒度看，磨矿1h后钨尾矿粒度下降较大，磨矿2h钨尾矿粒度达到最小值，d_{90}为5.04μm。磨矿时间超过2h，钨尾矿粒度反而略有升高，应该是磨矿时间过长而导致钨尾矿颗粒团聚，因此合适磨矿时间应为2h。按钨尾矿粉体d_{50}粒度看，磨矿0.5h后，钨尾矿粉体降低到4.39μm，磨矿2h钨尾矿粒度最小。可见磨矿初期硬度小的矿物先被磨细，随着磨矿时间延长，硬度大的矿物也被磨细。

　　对筒形球磨机磨矿2h后的钨尾矿粉末以0.038mm标准筛筛分，对筛上产物进行XRD分析，分析结果如图2-8所示。全峰拟合估算得石榴子石相对含量为97.6%，相比磨矿前0.038mm以上钨尾矿石榴子石含量有较大提高，这应该是选择性磨矿造成的，在磨矿过程中，硬度小的石英被优先磨细，硬度大的石榴子石耐磨性好，富集在粗颗粒中。

表 2-5 筒形球磨机磨矿粒度结果

磨矿时间/h	尺寸/μm				
	d_{10}	d_{25}	d_{50}	d_{75}	d_{90}
0	20.78	34.02	55.27	81.42	106.35
0.5	0.78	1.5	4.39	9.54	24.56
1	0.72	1.18	3.12	5.52	7.95
1.5	1.08	2.24	3.75	5.57	7.74
2	0.58	0.82	1.69	3.45	5.04
2.5	0.89	1.8	3.22	4.86	6.6
3	0.87	1.63	3.2	5.28	7.75

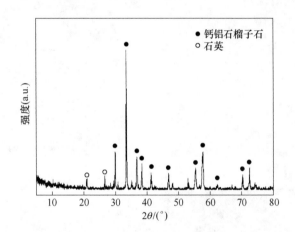

图 2-8 钨尾矿磨后 0.038mm 以上 XRD 图

对筒形球磨机磨矿 2h 后的钨尾矿粉体进行 SEM 分析,分析结果见图 2-9。由图可知,钨尾矿颗粒被明显磨细,颗粒平均粒度由原来的几十微米下降到几微米,但仍有部分粗颗粒存在,粗颗粒表面吸附有较多的细颗粒。EDS 能谱分析表明,粗颗粒为石榴子石,这主要是因为石榴子石硬度相对石英大,磨矿过程中存在选择性磨矿现象。

2.2.3 钨尾矿的表面改性

表面改性是矿物深加工的一种重要方法,经改性后的产品从一种原料变为具有特定功能、可直接利用的材料。根据应用的需要,采用物理、化学、机械等方法对矿物粉体表面进行处理,有目的地改善粉体表面物理化学性质,使无机矿物粉体在有机聚合物体系中具有良好的相容性和分散性。表面改性剂一般为两性表面活性剂,一端为亲水基团,另一端为疏水基团,表面改性剂的选择是关键。

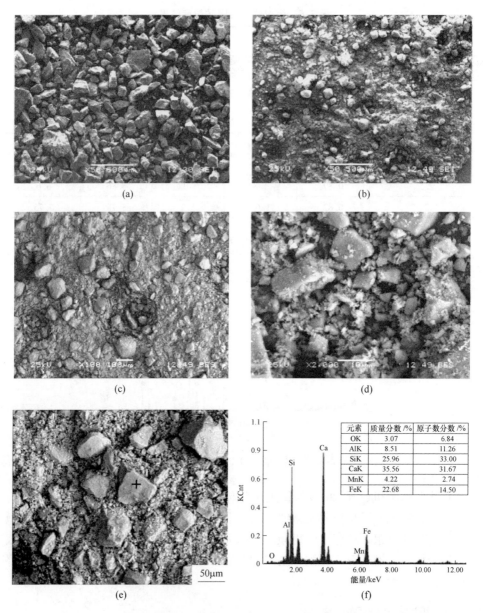

图 2-9　钨尾矿及磨后扫描电镜图

2.2.3.1　表面改性实验方案

将钨尾矿粉体置于高速混合机中，在低速搅拌、80℃条件下预热 5min，高速混合机转速为 800r/min，使粉体中水分含量低于 1%。然后以一定比例将改性剂缓慢注入，对于液体改性剂则直接注入，固体改性剂先加热熔化后注入。通过强力搅拌使改性剂在钨尾矿粉体中充分分散，升高温度至 120℃，提高转速至

1200r/min，高速搅拌 30min 后，停机卸料，待物料冷却后装袋，得到改性钨尾矿粉体。改性工艺流程如图 2-10 所示。

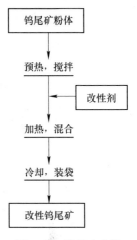

图 2-10　钨尾矿改性工艺流程图

2.2.3.2　表面改性剂的筛选

在选择表面改性剂时，应尽可能选择与粉体表面结合强、改性官能团效果好的表面改性剂。

偶联剂是目前较为成熟的一种表面改性剂，其分子具有化学性质不同的两个基团，一个是亲水基，可与钨尾矿亲水表面结合，另一个为疏水基，可与聚合物结合，起着"分子桥"作用，改善钨尾矿与聚合物之间的相容性。表面改性剂选用硅烷（$H_2N(CH_2)_3Si(OC_2H_5)_3$）、钛酸酯（$C_{51}H_{112}O_{22}P_6Ti$）和铝酸酯（$ROAl(OR)_2$），其中硅烷和钛酸酯为液体，铝酸酯为固体。

硅烷偶联剂通式为 Y—R—Si—X_3，其中 R 为芳香基或烷基；Y 为有机反应基，如乙烯基、氨基、环氧基、巯基等；X 为甲氧基、乙氧基、氯等。X 亲水基团能与无机粉体材料表面结合，Y 疏水基团能与高分子有机物化学结合。硅烷的作用机理主要分为四步：水解、缩合、吸附、脱水。

钛酸酯偶联剂多为淡黄色至琥珀色黏稠液体，可溶于异丙醇、二甲苯、矿物油，其结构通式可表示为 $ROTiO(XRY)_n$。其分子结构具有不同的功能区，可根据需要设计不同基团的多功能偶联剂，其与无机粉体表面的自由质子反应，形成有机单分子层，能降低粉体表面能，增强其与聚合物的相容性。

铝酸酯为淡黄色或白色蜡状固体，其结构通式为 $ROAl(OR)_2$，其分子结构中存在两种不同性质的官能团，一种可与无机粉体表面极性基团反应，另一种可与高聚物反应，使其成为无机有机材料结合的桥梁。经铝酸酯改性的无机粉体因其表面发生反应，形成有机分子层，而由亲水性转变为疏水性。铝酸酯可以改善产品的加工性能和物理性能，且对环境友好，能与无机粉体表面形成不可逆化学键，因此是一种具有较好应用前景的偶联剂。

经超细加工后的钨尾矿粉体表面为亲水性，在水中会由于自身重力而沉降。经偶联剂表面改性后，表面由亲水性变为疏水性，在水中由于其表面张力及疏水性而同油膜一样漂浮不沉。将一定质量的改性粉体加入水中充分搅拌后，澄清一段时间，漂浮物的质量占样品总质量的比值，称为活化指数。采用活化指数评价偶联剂改性钨尾矿的改性效果。

分别利用硅烷、钛酸酯和铝酸酯对钨尾矿粉体进行表面疏水改性，改性后的钨尾矿活化指数见图 2-11。

由图 2-11 可知，铝酸酯改性效果最佳，钛酸酯次之，硅烷改性效果最差。

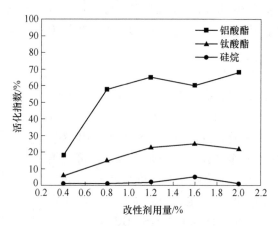

图 2-11　钨尾矿改性活化指数图

随着改性剂用量的增加，活化指数有先增后减的趋势，这可能是因为低用量时改性剂用量增加，钨尾矿被改性表面积也随之增加，当改性剂用量增加到一定量时，改性剂由于疏水基团作用而相互团聚形成胶团，影响改性效果。铝酸酯改性剂用量为 2% 时，活化指数又开始升高，这可能是由于钨尾矿在改性剂胶团作用下相互团聚为网络状而漂浮，但这对钨尾矿在聚合物中的分散不利。综合考虑，1.2% 的铝酸酯改性效果最佳，活化指数达 65%，一般活化指数超过 60%，粉体即能与聚合物良好结合。

2.2.3.3　表面改性红外分析

对改性钨尾矿进行红外分析，考察钨尾矿改性前后表面基团的变化，钨尾矿改性前后红外分析结果见图 2-12。

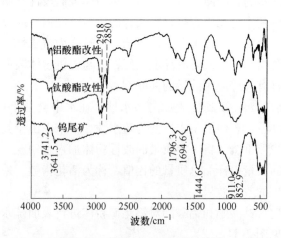

图 2-12　钨尾矿改性前后红外图

由图 2-12 可知,钨尾矿改性后原属于钨尾矿的振动峰基本不变,说明钨尾矿稳定性较好。改性后增加了 $2918cm^{-1}$,$2850cm^{-1}$ 处振动峰,为甲基及亚甲基 C—H 键振动特征峰,这些基团由改性剂引入。铝酸酯改性后 C—H 键振动特征峰较钛酸酯改性后更明显,与铝酸酯改性后活化指数高于钛酸酯一致。结果表明,偶联剂改性后钨尾矿表面出现疏水性基团,且疏水基团与改性效果之间存在正相关关系。综合分析,铝酸酯偶联剂改性后的钨尾矿分散性好,活化指数高,且颜色较浅,稳定性好,适合用于填充 PVC、PE 等塑料,可提高产品加工性能和物理性能,降低成本。

2.3 钨尾矿在绿色建材中的应用

水泥混合材是在水泥生产过程中加入到水泥熟料中的矿物材料,可改善水泥性能,调节水泥标号,节约成本。水泥混合材分为活性混合材和非活性混合材。活性混合材可与氢氧化钙和水反应,生成具有胶凝性能的水化产物,凝结硬化后可提高水泥强度,改善水泥性能,常见种类主要有粉煤灰、火山灰和高炉渣等。非活性混合材为不与熟料发生化学反应的惰性混合材料,起填充作用,减少水化热,提高水泥产量,常见种类主要有石灰石、石英砂和矿渣等。根据掺加水泥混合材的不同,水泥可分为矿渣硅酸盐水泥、粉煤灰硅酸盐水泥、火山灰硅酸盐水泥和复合硅酸盐水泥,以及混合材掺加量较少的普通硅酸盐水泥五大品种。随着水泥工业发展,混合材供应局面紧张,开发新品种混合材、综合利用工业废渣,具有重要的经济意义和环境意义。

混凝土掺合料是在拌制混凝土过程中加入的矿物粉体材料,可改善混凝土性能,减少水泥用量,降低成本,分为活性掺合料和非活性掺合料。活性掺合料能与水泥反应生成胶凝性的水化产物,在有减水剂条件下,可增加新拌混凝土黏聚性、流动性和保水性,提高混凝土可泵性以及硬化后的强度和耐久性,常见种类有沸石粉、粒化高炉渣和粉煤灰。非活性掺合料不与水泥组分发生反应,常见种类有磨碎石英砂、石灰石等。

钨尾矿主要矿物成分为石榴子石和石英,化学惰性强,性质稳定,具备用作非活性水泥混合材和非活性混凝土掺合料的基本条件。将超细加工后的钨尾矿粉分别用于水泥混合材和混凝土掺合料,制备不同掺加量的水泥胶砂和混凝土标准试块,同时考察不同掺加量、激发条件等对水泥胶砂和混凝土标准试块的强度的影响。最终制备出满足国标要求的 P.O42.5 普通硅酸盐水泥和 C30 混凝土,提供一种利用钨尾矿规模化生产绿色建材的途径。

2.3.1 钨尾矿在水泥混合材中的应用

2.3.1.1 钨尾矿活化

钨尾矿活化分为机械活化和化学活化。机械活化是通过机械球磨的方法,降低钨尾矿粒度，增加钨尾矿表面能从而提高钨尾矿活性；化学活化是通过加入化学激发剂激发钨尾矿活性。

活化指数通过胶砂与试验胶砂抗压强度的比值来计算，计算公式如下：

$$H_{28} = (R/R_0) \times 100 \qquad (2-1)$$

式中，H_{28} 为活化指数，%；R 为试验胶砂 28d 抗压强度，MPa；R_0 为对比胶砂 28d 抗压强度，MPa。计算至 1%。

胶砂具体制备方法：将水泥、标准砂、钨尾矿和水按设定配比配料，置于胶砂搅拌机进行搅拌。先将水加入锅内，然后加入混匀后的钨尾矿和水泥，开动搅拌机，低速搅拌 30s 后，加入标准砂，30s 加完，将搅拌机调至高速，再搅拌 120s，在搅拌 30s 后停拌 90s，在 15s 内将叶片和锅壁上的胶砂刮入锅内。搅拌结束后，将搅拌好的胶砂装入试模，试模在振动台上振动 120s 后，用刮平尺抹平，编号后，在湿空气中养护 24h 后脱模。脱模后的试件放在 20℃ 水中养护，分别在规定龄期取出，测试试件强度。制备流程如图 2-13 所示。

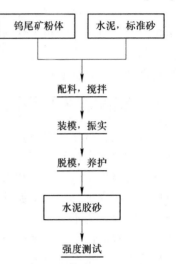

图 2-13　水泥胶砂制备流程图

钨尾矿机械活化是通过机械球磨完成的，采用锥形球磨机分别磨矿 1h、2h 和 3h，球料比 5∶1，每次磨矿量 3kg。球磨不同时间后的钨尾矿 XRD 见图 2-14。

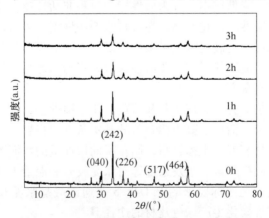

图 2-14　磨矿不同时间钨尾矿 X 射线衍射图

由图 2-14 可见，磨矿后钨尾矿衍射峰发生宽化，峰强变弱，且磨矿时间越长衍射峰宽化越明显，有向非晶转变的趋势。图中标出了主晶相石榴子石的晶面，随着磨矿时间延长，最高峰（242）晶面半高宽逐渐变宽，晶粒尺寸变小，矿物颗粒逐渐变细。机械活化后钨尾矿胶砂实验结果见表 2-6。

表 2-6 机械活化后钨尾矿胶砂实验结果

球磨时间/h	0	1	2	3
−0.074mm 百分比/%	74.68	93.17	94.28	96.39
（242）晶面半高宽/nm	0.0233	0.0285	0.0345	0.0347
晶粒尺寸/nm	39.5	31.0	25.1	25.0
3d 抗折强度/MPa	3.23	3.32	3.48	4.12
3d 抗压强度/MPa	13.18	14.67	14.78	15.35
7d 抗折强度/MPa	4.34	4.50	4.51	5.06
7d 抗压强度/MPa	6.12	7.48	9.54	10.53
28d 抗折强度/MPa	6.13	6.29	6.40	6.63
28d 抗压强度/MPa	30.54	34.38	34.72	35.96
活化指数/%	52.46	59.06	59.64	61.77

由表 2-6 可知，随着磨矿时间延长，龄期增长，水泥胶砂抗折强度和抗压强度呈增大的趋势。对比胶砂 28d 抗压强度为 58.21MPa，未机械活化钨尾矿活化指数为 52.46%，磨矿时间从 0h 增加到 3h，活化指数从 52.46% 增加到 61.77%。

钨尾矿化学活化是通过在钨尾矿中加入化学激发剂完成，钨尾矿在锥形球磨机中磨矿 2h 后，首先选用单一化学激发剂 CaO、$CaSO_4$ 和 Na_2SiO_3 对钨尾矿进行激发，激发剂质量占钨尾矿质量的 10%，化学活化后的钨尾矿 XRD 图见图 2-15。

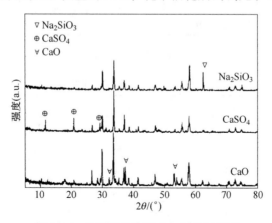

图 2-15 化学活化钨尾矿 X 射线衍射图

由图可见，化学活化后的钨尾矿 XRD 图中可以明显找到化学激发剂的衍射峰，石榴子石衍射峰无明显变化，化学活化对钨尾矿矿物组分无明显影响。

单一化学激发剂化学活化后钨尾矿胶砂实验结果见表 2-7。由表可知，CaO 化学活化效果最好，活化指数为 67.65%，$CaSO_4$ 和 Na_2SiO_3 对钨尾矿胶砂强度有不利影响。

表 2-7　化学活化后钨尾矿胶砂实验结果

激发剂	强度/MPa						活化指数/%
	3d		7d		28d		
	抗折	抗压	抗折	抗压	抗折	抗压	
CaO	3.67	15.84	4.82	13.47	6.91	39.38	67.65
$CaSO_4$	2.94	7.45	3.83	9.35	4.69	14.98	25.73
Na_2SiO_3	2.64	8.88	3.61	9.40	6.26	21.13	36.29

选用复合化学激发剂对钨尾矿进行化学活化，复合激发剂为 CaO、$CaSO_4$ 和 Na_2SiO_3 按不同配比组合，复合激发剂配方见表 2-8，按激发剂占钨尾矿的质量百分比计量。

表 2-8　复合激发剂配方

编　号	激发剂占钨尾矿的质量百分比/%		
	CaO	$CaSO_4$	Na_2SiO_3
J1	5	5	—
J2	10	5	—
J3	15	5	—
J4	10	10	—
J5	10	5	5
J6	10	5	10

复合化学激发钨尾矿胶砂实验结果见表 2-9。

表 2-9　复合化学激发胶砂实验结果

编号	强度/MPa						活化指数/%
	3d		7d		28d		
	抗折	抗压	抗折	抗压	抗折	抗压	
J1	3.83	15.99	4.78	20.67	6.32	28.64	53.49
J2	3.48	16.17	4.66	20.65	6.27	28.25	52.74
J3	3.79	15.84	4.59	19.91	6.39	27.88	52.06
J4	3.26	15.29	4.42	20.51	6.37	28.18	52.62
J5	3.56	14.63	4.62	18.90	6.17	25.67	47.93
J6	3.84	12.47	3.43	15.89	6.43	22.95	42.84

由表可知，CaO 和 CaSO$_4$ 组合激发效果最好，活化指数为 53.49%。CaO 为钨尾矿化学激发必要条件，这应该与 CaO 的强碱性有关，通过碱激发提高钨尾矿表面活性。另外钨尾矿化学成分中，Si 含量远高于 Ca 含量，CaO 和 CaSO$_4$ 可补充钨尾矿中所缺乏的 Ca 元素。加入 Na$_2$SiO$_3$ 化学激发剂后活化指数降低，Na$_2$SiO$_3$ 对胶砂强度存在不利影响。

2.3.1.2　钨尾矿水泥胶砂

分别以不同粒度钨尾矿作水泥混合材，进行不同掺加量的水泥胶砂实验。胶砂配比参照 GB/T 17671—1999，水泥量为 225g，由水泥熟料、石膏和钨尾矿配制而成，石膏为缓凝剂，掺加量保持为 2.5%。

钨尾矿锥形球磨机磨矿 1h，0.038mm 以下含量为 66.57%，以不同掺加量配制水泥进行胶砂试验，结果见表 2-10。

表 2-10　磨矿 1h 钨尾矿水泥胶砂试验结果

掺加量/%	强度/MPa					
	3d		7d		28d	
	抗折	抗压	抗折	抗压	抗折	抗压
10	4.62	24.43	6.36	42.03	7.33	54.76
20	4.17	22.39	5.81	36.51	7.25	46.40
30	3.21	12.90	4.50	27.57	5.67	37.12

由表可知，随着钨尾矿掺加量增加，胶砂强度逐渐降低。掺加量低于 20% 时，满足 P.O42.5 硅酸盐水泥的要求；掺加量为 30% 时，满足 P.O32.5 硅酸盐水泥的要求。

钨尾矿锥形球磨机磨矿 2h，0.038mm 以下含量为 82.88%，以不同掺加量配制水泥进行胶砂试验，结果见表 2-11。

表 2-11　磨矿 2h 钨尾矿水泥胶砂试验结果

掺加量/%	强度/MPa					
	3d		7d		28d	
	抗折	抗压	抗折	抗压	抗折	抗压
10	5.53	24.64	6.45	39.66	8.03	59.36
15	4.88	22.82	5.81	36.21	7.27	47.76
20	4.50	25.60	6.07	37.58	6.78	48.03
25	4.37	21.01	5.86	34.10	7.37	46.07
30	3.72	18.49	5.60	30.75	6.70	41.32

　　由表可知，等掺加量时磨矿 2h 相比 1h 胶砂强度更高。掺加量低于 25% 时，满足 P. O42.5 硅酸盐水泥的要求。

　　钨尾矿锥形球磨机磨矿 3h，0.038mm 以下含量为 82.88%，以不同掺加量配制水泥进行胶砂试验，结果见表 2-12。

表 2-12　磨矿 3h 钨尾矿水泥胶砂试验结果

掺加量/%	强度/MPa					
	3d		7d		28d	
	抗折	抗压	抗折	抗压	抗折	抗压
10	4.18	23.96	5.84	39.96	6.98	54.08
20	4.51	23.32	5.97	36.11	7.44	48.49
30	5.54	31.01	7.19	46.35	8.18	56.95

　　由表可知，磨矿 3h 钨尾矿胶砂强度明显增高，掺加量为 30% 时，胶砂 28d 抗压强度升高到 56.95 MPa，远高于 P. O42.5 硅酸盐水泥的要求，且掺加量增加，胶砂抗折强度有增高的趋势，这应该是机械活化的结果。

　　以磨矿 2h 的钨尾矿作水泥混合材，分别选用化学激发剂 CaO、$CaSO_4$ 和 Na_2SiO_3 对钨尾矿进行化学激发，激发剂质量占钨尾矿的 10%，激发后的钨尾矿掺加量为 20% 配制水泥，水泥配方见表 2-13，化学激发钨尾矿水泥胶砂实验结果见表 2-14。

表 2-13　化学激发钨尾矿水泥配方

编　号	配料/%			
	熟料	石膏	钨尾矿	激发剂
S1	77.5	2.5	18	2（CaO）
S2	77.5	2.5	18	2（$CaSO_4$）
S3	77.5	2.5	18	2（Na_2SiO_3）

表 2-14　化学激发钨尾矿水泥胶砂试验结果

编　号	强度/MPa					
	3d		7d		28d	
	抗折	抗压	抗折	抗压	抗折	抗压
S1	3.94	20.74	5.61	33.68	6.97	47.57
S2	4.80	18.89	5.71	23.62	5.87	26.17
S3	3.91	15.80	5.12	25.48	7.34	36.95

由表 2-14 可知，CaO 激发效果最明显，其激发后的钨尾矿可满足 P.O42.5 硅酸盐水泥的要求。Na₂SiO₃ 激发效果次之，其激发后的钨尾矿可满足 P.O32.5 硅酸盐水泥的要求。

2.3.1.3 钨尾矿配制硅酸盐水泥

在钨尾矿水泥胶砂实验基础上，进行钨尾矿配制水泥实验，单次配制水泥量 3kg 以上。选择磨矿 2h 钨尾矿，分别掺加 20% 和 30% 配制钨尾矿普通硅酸盐水泥，水泥配方见表 2-15。

表 2-15　钨尾矿普通硅酸盐水泥配方

掺加量/%	配料/%		
	熟料	石膏	钨尾矿
20	77.5	2.5	20
30	67.5	2.5	30

对配制的钨尾矿普通硅酸盐水泥进行胶砂实验，测试胶砂强度，每组实验重复 3 次，以保证实验数据的可靠性，实验结果见表 2-16。

表 2-16　钨尾矿普通硅酸盐水泥胶砂试验结果

掺加量/%	强度/MPa					
	3d		7d		28d	
	抗折	抗压	抗折	抗压	抗折	抗压
20	3.98	19.37	5.97	30.52	6.69	43.77
	4.20	19.12	5.33	32.92	6.80	45.53
	4.63	20.52	5.86	31.79	7.72	43.72
30	3.48	16.85	5.11	26.55	6.44	36.44
	4.31	20.26	4.69	26.25	6.96	37.82
	3.73	16.98	5.07	30.68	7.03	41.16

由表 2-16 可知，钨尾矿普通硅酸盐水泥胶砂强度 3 次测试结果相近，实验数据可靠性较高。掺加 20% 钨尾矿配制的水泥满足 P.O42.5 硅酸盐水泥的强度要求，掺加 30% 钨尾矿配制的水泥满足 P.O32.5 硅酸盐水泥的强度要求，其他性能还需进一步检测。

将掺加 20% 钨尾矿配制的水泥参照 GB/T 175—2007 进行检验，检验结果见表 2-17。

表 2-17　钨尾矿水泥产品质量检验结果

检验项目		计量单位	技术要求	实测值			单项结论
标准稠度用水量		%	—	23.0			—
初凝时间		min	≥45	218			合格
终凝时间		min	≤600	261			合格
安定性	试饼	—	合格	合格			合格
胶砂流动性	水灰比	—	—	0.5			—
	流动度	mm	—	246			—
抗折强度	3d	MPa	≥3.5	1		4.7	合格
				2		4.5	
				3		4.6	
				平均值		4.6	
	28d	MPa	≥6.5	1		7.5	合格
				2		7.8	
				3		7.9	
				平均值		7.7	
抗压强度	3d	MPa	≥17.0	1	19.8	4	20.4	合格
				2	20.0	5	21.0	
				3	21.1	6	20.6	
				平均值		20.5		
	28d	MPa	≥42.5	1	43.3	4	43.9	合格
				2	43.6	5	43.6	
				3	44.8	6	43.4	
				平均值		43.7		

　　由表可知，掺加 20%钨尾矿配制的水泥凝结时间、安定性、胶砂流动性和强度均满足 P. O42.5 普通硅酸盐水泥国标要求。可得出结论：掺加 20%钨尾矿可配制 P. O42.5 普通硅酸盐水泥。

2.3.2　钨尾矿在混凝土掺合料中的应用

2.3.2.1　混凝土试块的制备

　　混凝土试块的制备参照 GB/T 50081—2002 完成，所制备 150mm 立方试块为标准混凝土试块，混凝土试块制备流程图如图 2-16 所示。

　　混凝土试块的具体制备过程为：首先按照预先设计好的配方，精确称量所需原料，其中水泥为胶凝材料，砂为细骨料，石为粗骨料，钨尾矿为掺合料。将原料混合后，边搅拌边加入定量水，搅拌 15min 至混凝土完成均匀。将拌匀后的混凝土装入预先在内壁涂好油的立方模具，放在振动台上振动 2min，将试件表面刮平。试件在 20℃ 环境下静置 24h 后脱模、编号。脱模后的试块在 20℃ 环境下养护，试件表面保持潮湿。在规定龄期进行强度测试、抗压强度测试时，试块需侧面向上，受压面保持清洁平整。

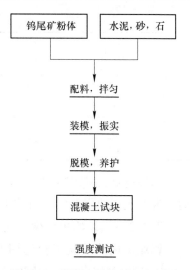

图 2-16　混凝土试块制备流程图

2.3.2.2　钨尾矿掺加量实验

不同钨尾矿掺加量实验的具体配方见表 2-18。

表 2-18　钨尾矿不同掺加量混凝土配方

编号	配　料					掺加量/%
	水泥/kg	砂/kg	石/kg	水/L	钨尾矿/kg	
H0	3.7	9.3	12.8	2	0	0
H1	3.7	9.3	12.8	2	0.4	10
H2	3.7	9.3	12.8	2	0.6	15
H3	3.7	9.3	12.8	2	0.8	20
H4	3.7	9.3	12.8	2	0.9	25
H5	3.7	9.3	12.8	2	1.1	30

钨尾矿锥形球磨机磨矿 2h，0.038mm 以下含量为 82.88%，水泥为 P.O42.5 普通硅酸盐水泥，砂为建筑用河砂，石为建筑用细石子，水为自来水。未掺加钨尾矿混凝土试块为空白试块，用于比较掺加钨尾矿的影响，掺加钨尾矿的同时未减少水泥用量，为外掺钨尾矿。

分别测试掺加不同量钨尾矿混凝土试块 7d 抗压强度和 28d 抗压强度，测试结果见表 2-19。

表 2-19　钨尾矿不同掺加量混凝土抗压强度

编　号	抗压强度/MPa	
	7d	28d
H0	21.97	26.72
H1	25.41	36.33

编　号	抗压强度/MPa	
	7d	28d
H2	23.32	31.64
H3	22.26	30.84
H4	18.44	20.01
H5	16.58	20.70

由表可见，随着掺加量增加，混凝土试块强度降低。钨尾矿掺加量小于 20%时，混凝土试块强度较空白试块高，达到 C30 混凝土强度标准。

2.3.2.3　钨尾矿化学激发实验

钨尾矿化学激发实验选用 CaO、$CaSO_4$ 和 Na_2SiO_3 为化学激发剂，$CaSO_4$ 和 Na_2SiO_3 激发剂用量较小，固定不变，调节 CaO 用量。钨尾矿化学激发剂配方见表 2-20。

表 2-20　钨尾矿化学激发剂配方

激发钨尾矿	配料/g			
	钨尾矿	CaO	$CaSO_4$	Na_2SiO_3
矿粉一	1000	50	10	5
矿粉二	1000	100	10	5
矿粉三	1000	150	10	5

采用不同化学激发的钨尾矿分别内掺和外掺 10%，内掺为相应减少 10%水泥用量，外掺则不减少水泥用量。钨尾矿化学激发混凝土配方见表 2-21。

表 2-21　钨尾矿化学激发混凝土配方

编号	配　料					掺加量/%
	水泥/kg	砂/kg	石/kg	水/L	钨尾矿/kg	
H6	3.7	9.3	12.8	1.65	0	0
H7	3.7	9.3	12.8	1.65	0.4（矿粉一）	10（外掺）
H8	3.3	9.3	12.8	1.65	0.4（矿粉一）	10（内掺）
H9	3.7	9.3	12.8	1.65	0.4（矿粉二）	10（外掺）
H10	3.3	9.3	12.8	1.65	0.4（矿粉二）	10（内掺）
H11	3.7	9.3	12.8	1.65	0.4（矿粉三）	10（外掺）
H12	3.3	9.3	12.8	1.65	0.4（矿粉三）	10（内掺）

分别测试钨尾矿化学激发混凝土试块 7d 抗压强度和 28d 抗压强度，测试结果见表 2-22。由表可见，钨尾矿外掺混凝土强度明显高于钨尾矿内掺混凝土强度。钨尾矿内掺，随着 CaO 激发剂用量增加，混凝土强度提高，CaO 激发剂质量占钨尾矿 15% 时，钨尾矿内掺 10% 混凝土强度达到 C30 混凝土强度标准。钨尾矿外掺时，CaO 激发剂用量达钨尾矿 15% 时，混凝土强度有所下降。

表 2-22 钨尾矿化学激发混凝土抗压强度

编　号	抗压强度/MPa	
	7d	28d
H6	23.24	31.68
H7	21.94	18.37
H8	12.57	31.40
H9	17.14	23.96
H10	15.60	37.34
H11	25.61	33.23
H12	23.22	34.35

2.4 钨尾矿制备塑料填料

PVC 管材主要原料为聚氯乙烯树脂，为高分子化合物，其分子中含极性基氯，因此化学性质稳定，耐药品性及耐腐蚀性优良，加入适当的稳定剂、润滑剂及填料经塑料挤出机挤出成型，生产满足不同应用要求的管材。以钨尾矿粉体部分或全部代替重钙粉（PVC 管材常用填料）生产 PVC 管材，检测不同配方下制备的 PVC 塑料管材的性能。

2.4.1 塑料管材的制备

塑料管材生产流程图见图 2-17，主要包括配料混合、上料挤出、成型包装等工序，各工序之间连续作业，为自动化控制。

塑料管材生产现场的各生产设备联合作业完成塑料管材生产环节的各道工序。首先根据预先设计好的塑料管材配方，精确称量好各种生产原料，原料加入混合料斗，由提升螺杆传

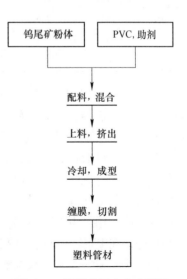

图 2-17 塑料管材生产流程图

输入混合机。高速混合 30min 后卸料，物料在混合机高速搅拌下混合均匀，混合机中装有加热装置可对物料进行预热。经过混合预热的物料由人工加入挤出机料斗，调节挤出机控制面板，控制挤出机各区段温度，并协调进料速率与挤出速率及温度的关系。混合物料在挤出机中加热熔化，并在挤出螺杆强大的挤出力作用下，通过管状模具缓慢挤出，刚挤出的管材温度较高，易变形，通过管材真空定型水箱冷却定型。冷却后的管材在管材牵引机作用下进一步定型，保持良好的管状及笔直度。然后，将管材缠膜包装，按照预先设置好的长度用管材切割机将管材切割成固定长度。

2.4.2　塑料管材配方

参考生产实际配方，钨尾矿粉经气流粉碎机磨矿后，部分或全部代替重钙粉，并根据填料填充量适当调整助剂用量。共 9 组配方试验，各配方见表 2-23。

表 2-23　塑料管材配方

配方	配料/kg						
	PVC	G-101	CPE	石蜡	硬脂酸	PE 蜡	填料
一	50.0	3.1	4.0	0.7	0.6	0.5	60
二	50.0	3.1	4.0	0.2	0.2	0.2	25
三	50.0	3.1	4.0	0.7	0.6	0.5	60
四	50.0	3.1	4.0	0.7	0.6	0.5	60
五	83	2.5	5.0	0.3	0.6	0.2	25
六	83	2.5	5.0	0.3	0.6	0.2	25
七	83	2.5	5.0	0.3	0.6	0.2	25
八	67	2.5	5.0	0.4	0.6	0.2	40
九	65	3.3	5.0	1.2	1	0.2	64

采用 PVC 为主要原料，填料填充量为填料质量与 PVC 质量的比值。G-101 为稀土复合稳定剂，为淡黄色片状粉末，用量占 PVC 的 3%~6%，由稀土金属的脂肪酸盐或羧酸盐合成，能提高 PVC 塑化速率，改善流动性，使塑化均匀，稳定产品质量，可取代有毒的有机锡类或铅镉盐类稳定剂。CPE 为氯化聚乙烯，呈白色粉末，无毒无味，用量占 PVC 的 6%~8%，为饱和高分子，耐候性及耐老化性能优良，与 PVC 具有较好相容性，分解温度高。石蜡为石油加工产品之一，呈白色固体，用量占 PVC 的 1%~2%，主要成分包括直链烷烃、少量支链烷烃和单环烷烃，在 PVC 挤出过程中起到润滑作用。硬脂酸为白色蜡状晶体，用量占 PVC 的 0.5%~2%，为十八烷酸，可起到对填料表面改性及润滑作用。PE 蜡即聚乙烯蜡，呈白色小微珠状，用量占 PVC 的 0.5%~1%，具有良好的耐热性、耐

磨性和耐化学性,可提高 PVC 管材的光泽及加工性能,在管材加工成型高产中可作润滑剂、分散剂和光亮剂,提高塑化程度及塑料产品的表面光滑度和韧性。PVC 塑料管材配方以 PVC 和填料为主,各种助剂协同作用,改善管材加工性能,提高塑料产品性能。

各配方塑料管材填料组成见表 2-24。配方一、二、三、四管材壁厚为 2mm,所用钨尾矿粉为球磨加工得到;配方五、六、七、八、九管材壁厚为 5mm,所用钨尾矿粉为气流粉碎得到。

表 2-24 塑料管材填料组成

配 方	填料/kg		
	重钙粉	钨尾矿	总量
一	30	$d_{90}=15\mu m$,30	60
二	0	$d_{90}=23\mu m$,25	25
三	30	$d_{90}=23\mu m$,30	60
四	30	$d_{90}=38\mu m$,30	60
五	0	$d_{90}=38\mu m$,25	25
六	0	$d_{90}=15\mu m$,25	25
七	0	$d_{90}=12.5\mu m$,25	25
八	0	$d_{90}=15\mu m$,40	40
九	0	$d_{90}=38\mu m$,23; $d_{90}=15\mu m$,18; $d_{90}=12.5\mu m$,23	64

配方一填料填充量为 120%,钨尾矿代替一半重钙粉,钨尾矿粒度为 0.018mm,为初步探索实验。配方二填料填充料为 50%,以 0.023mm 钨尾矿完全替代重钙粉。配方三、四填料填充量均为 120%,分别以 0.023mm 和 0.038mm 钨尾矿代替一般重钙粉。由实验结果可知,钨尾矿部分或完全代替重钙粉,对 PVC 塑料管材加工及管材产品性能影响较小,因此,壁厚 5mm 管材实验中配方填料完全为钨尾矿。配方五、六、七填充量均为 30%,分别以 0.013mm、0.018mm 和 0.038mm 钨尾矿为填料。配方八填料填充量提高一倍为 60%,以 0.018mm 钨尾矿为填料。最后,以不同粒度钨尾矿作填料,填料填充量为 100%,其中 0.013mm 和 0.038mm 钨尾矿各占 35%,0.018mm 钨尾矿占 30%。

填料填充量、填料种类及填料粒度直接影响 PVC 塑料管材加工过程,填料填充量越大、粒度越粗塑料管材挤出过程中所受到的阻力越大,所需的润滑剂也越多。塑料填料的填充量需根据管材应用需要来确定,一般塑料填料填充量约为 30%~150%,填充量越大成本越低,但过大会影响塑料管材性能。

塑料管材加工过程中,除挤出工序外,其他工序试验参数基本为确定值,挤出工序为塑料管材加工最重要的工序，挤出机控制是塑料管材加工的关键。塑料挤出机由传动系统、挤压系统和加热系统组成。传动系统由电动机给螺杆挤出提供动力。挤压系统主要部件包括料斗、螺杆、机筒、机头和模具等，将均匀的塑化流体连续挤出机头，通过模具来控制管材尺寸和壁厚。加热系统由电加热组成，用于控制工艺所需温度，另外还配有冷却装置。

不同配方塑料管材挤出过程工艺参数见表 2-25，针对生产实际，对各配方生产过程进行评价。配方一与重钙粉相比，钨尾矿在挤出塑料管材过程中，螺杆扭矩基本不变，阻力稍微变大，可通过适当减小进料速率来调节。制品光泽度较好，综合性能良好，表明钨尾矿可在生产中与重钙粉配合使用。配方二填充量降低，加工过程正常，生产速率较快。配方三、四填料粒度变细，相比配方一、阻力变大现象有所缓解，表明钨尾矿再生产中可完全代替重钙粉。配方五、六、七、八、九塑料管材管壁增厚，给料速率不变，塑料挤出机各温区温度有所降低，塑料制品光泽度较好，抗压强度提高，综合性能均达到企业应用要求。通过不同配方生产试验可看出，钨尾矿部分或全部取代重钙粉，不影响塑料管材生产过程，钨尾矿填充量可达 120%，生产的 PVC 塑料管材性能良好。

表 2-25　塑料管材挤出成型工艺参数

配方	温度/℃							
	一区	二区	三区	四区	五区	六区	七区	八区
一	200	195	185	178	176	178	195	200
二	195	190	175	170	170	170	190	200
三	200	195	185	178	176	178	195	200
四	200	195	185	178	176	180	195	200
五	172	172	173	173	185	190	190	178
六	175	175	178	178	185	190	190	178
七	176	173	178	173	185	187	190	180
八	174	175	175	178	183	190	188	179
九	175	175	178	178	185	190	190	177

2.4.3　产品性能检测

对塑料管材取样进行环段热压缩力、维卡软化温度、落锤冲击试验、纵向回缩率和体积电阻率的塑料性能检测。

环段热压缩力用来表示塑料管材抗热压缩力，是衡量塑料管材强度的重要指标之一，参考国家标准为 GB/T 18477—2001。维卡软化温度用来评价塑料管材耐热性能，是衡量材料在受热时物理性能的指标之一，维卡软化温度越高，材料受热时尺寸越稳定，参考国家标准为 GB/T 1633—2000。落锤冲击试验用来评价塑料管材耐冲击性能，参考国家标准为 GB/T 2479—2000。纵向回缩率是用来评价塑料管材加热前后尺寸稳定性能的指标之一，参考国家标准为 GB/T 2479—2000。

配方八的塑料管材产品质量检测结果见表 2-26，各项检测结果均满足国家标准。

表 2-26 塑料管材产品质量检测结果

检验项目	技术要求	检测结果	单项结论
环段热压缩力/kN	≥ 0.45	0.452	合格
维卡软化温度/℃	≥ 93	93.1	合格
落锤冲击试验	9/10 通过	10/10 通过	合格
纵向回缩率/ %	≤ 5	2.2	合格
体积电阻率/$\Omega \cdot m$	$\geq 1.0 \times 10^{11}$	1.4×10^{11}	合格

2.5 钨尾矿制备微晶玻璃

微晶玻璃又称玻璃陶瓷，具有许多优异性能，如热稳定性和化学稳定性好、机械强度高、耐高温及耐磨性好等。钨尾矿的主要化学组成为 SiO_2、CaO、Fe_2O_3、Al_2O_3，通过分析计算添加其他化学原料调整原料中的氧化物配比，满足微晶玻璃原料的要求，采用烧结法制备 CaO-Al_2O_3-SiO_2-Fe_2O_3 系微晶玻璃，并对钨尾矿微晶玻璃进行表征和性能检测，达到变废为宝的目的。

2.5.1 实验方法

2.5.1.1 钨尾矿微晶玻璃组成及配方设计

钨尾矿微晶玻璃原料组成的设计主要考虑基础玻璃结构的稳定性和玻璃析晶后的晶相组成两方面的内容。微晶玻璃的结构及性能取决于其组成的设计，应当遵循以下原则：（1）尽可能地提高钨尾矿的利用率，避免利用价格昂贵的化学药品；（2）基础玻璃的熔制温度应尽量降低，熔炼及澄清过程时间要短；（3）在微晶化处理后，微晶玻璃中主晶相的含量尽量高；（4）基础玻璃熔制过程中或者水淬过程中玻璃不易析晶，在晶化过程中，基础玻璃坯体容易分相、成核。

组成和析出晶相的结构是影响微晶玻璃性能的主要因素，微晶玻璃的组成不同于普通玻璃。微晶玻璃和常见硅酸盐玻璃一样，组成中含有玻璃体形成氧化物，例如 SiO_2、Al_2O_3、CaO 等，但是在微晶玻璃组成中需要引入 Mg^{2+}、Zn^{2+}、Li^+ 等离子半径小、场强大的离子，使玻璃容易分相、核化和晶化。除此之外，微晶玻璃组成中还必须加入一定量的 TiO_2 等作为晶核剂，促进玻璃整体析晶。在设计微晶玻璃组成时，熔制基础玻璃需要合适的黏度-温度曲线，熔融温度选择在玻璃的液相线温度以上（80~120℃），可以使玻璃容易熔制，并且在熔制过程中能保持稳定且不易析晶，在之后微晶化热处理过程中容易析晶[41]。组成设计中通过调节玻璃的组成和引入一定量的晶核剂，使玻璃的核化、晶化曲线尽可能的接近，确保微晶玻璃制品在晶化过程中变形较小。

因为钨尾矿主要成分为 SiO_2、Al_2O_3、$CaCO_3$ 同时含有较多的 Fe_2O_3，根据微晶玻璃的设计原则，确定制备 CaO-Al_2O_3-SiO_2-Fe_2O_3 系微晶玻璃。在微晶玻璃组成中，SiO_2 是玻璃网络形成体，其含量较高时可增强网络结构，降低高温析晶倾向，确保玻璃的形成。当 SiO_2 含量较高时，玻璃熔体的黏度增加，使玻璃的熔制温度提高；而 SiO_2 含量较低时，提高玻璃的析晶速度，使玻璃黏度增大，降低其流动性。在玻璃组成中 Al_2O_3 中的 Al^{3+} 与非桥氧形成铝氧四面体〔AlO_4〕，铝氧四面体重新连接由于引入碱金属离子而断裂的网络，与硅氧四面体一起组成玻璃的网络，从而提高玻璃结构的致密性；提高 Al_2O_3 的含量，可以提高微晶玻璃的显微硬度，改善微晶玻璃的化学稳定性、力学性能，同时使基础玻璃溶液的高温黏度增加、并提高玻璃的熔制温度及析晶活化能，提高微晶玻璃的析晶温度，使其析晶能力降低。

由于钨尾矿含有较高的 Fe_2O_3，当 Al^{3+} 在玻璃熔液中含量较少时 Fe^{3+} 部分进入到网络结构中。组成中 CaO 为碱土金属氧化物，高温时极化桥氧或减弱硅氧键，当 CaO 含量较高时，玻璃溶液的高温黏度和熔制温度都会降低，料性变短，可以提高微晶化过程中坯体的析晶能力。组成中 Na^+ 为玻璃网络的调整体，少量的 Na_2O 使玻璃的黏度和熔制温度降低，可显著改善玻璃的熔化制度，其含量较高时，会使玻璃中析出大量异体晶体，破坏微晶玻璃的理化性能，Na_2O 含量的较佳范围为 3%~10%。所以根据实验中钨尾矿的化学组成和矿物特性最终确定基础玻璃配料中各原料配比，见表 2-27。

表 2-27　钨尾矿基础玻璃配方

原　料	钨尾矿	SiO_2	Al_2O_3	$CaCO_3$	Na_2CO_3
配比（质量分数）/%	72	7	8	6	7

2.5.1.2　工艺流程

采用烧结法制备 CaO-Al_2O_3-SiO_2-Fe_2O_3 系钨尾矿微晶玻璃。首先将原料在高温下熔制成基础玻璃液，然后将玻璃液急速冷却（水淬）形成细小的玻璃素坯，再对粉末、成型后的坯体进行晶化处理得到微晶玻璃。由于玻璃经水淬后得到的颗粒细小、比表面积大，烧结法为微晶玻璃的晶化提供了充分的晶核。烧结法制备微晶玻璃的工艺流程如图 2-18 所示。

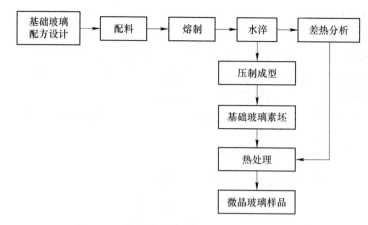

图 2-18 烧结法制备钨尾矿微晶玻璃流程图

2.5.1.3 制备过程

烧结法是制备矿渣微晶玻璃的重要方法之一，它是将配合料经高温熔制成玻璃液后倒入冷水中，急速冷却得到玻璃颗粒，然后利用湿法球磨的方法将水淬玻璃颗粒磨成粒度小于 0.074mm 目的玻璃粉末，再经造粒后，用成型机将造粒后的玻璃粉末压制成 5mm×φ60mm 的饼状样品，然后对样品进行微晶化处理，使样品在热处理过程中发生物理化学反应从而使坯体致密化并成核析晶，得到微晶玻璃制品。其具体步骤如下：

（1）配料。按比例称取原料后混合均匀得到配合料。原料准备主要是对钨矿尾砂进行研磨、筛选、除泥等处理。按玻璃配方各原料比例称取原料，计算 400g 配合料所需各原料用量，按计算结果称取原料。利用球磨机原料混合，混合 5min 后过筛得到钨矿尾砂基础玻璃配合料。

（2）玻璃熔制。将充分混合的配合料装入 200mL 刚玉坩埚，然后放入最高温度为 1700℃ 的硅钼棒电阻炉中进行基础玻璃熔制。以 5℃/min 的升温速度加热至 1200℃ 后保温 30min，然后以 5℃/min 的升温速度升至 1400℃ 后保温 3h 使配合料充分熔融成玻璃液；然后将玻璃熔液快速倒入装满冷水的桶内，玻璃液在急速冷却过程中不能有效结晶从而水淬形成基础玻璃颗粒。

（3）球磨和造粒。采用湿法球磨的方法，利用行星式球磨机对玻璃颗粒进行球磨。在球磨时，先将适量的玻璃颗粒加入球磨罐，然后加去离子水、放入球石，再将球磨罐密封好装入球磨机球磨 15min，将磨好的玻璃粉末过 0.15mm 筛。玻璃粉末烘干后加入黏结剂将其搅拌均匀，然后过 0.38mm 筛进行造粒得到细小玻璃颗粒。具体步骤为：将玻璃粉末放入容器中，用滴管加入适量 PVC，搅拌 15min 使其混合均匀；造粒时把玻璃粉末、PVC 混合料从 0.38mm 筛挤压滤过，收集落在 0.15mm 筛上面的粒料为所需样品，通过 0.15mm 筛的粉料回收，回收的粉料继续造粒。

（4）成型与烧结。称取适量的造粒得到的混合料放入 φ60mm 的模具中，利用自动压制成型机进行压制成型。压力设置为 30MPa，保压时间 2min 得到尺寸为 5mm×φ60mm 的饼状样品。烧结是把上述压制成型的坯体经过加热使其在半熔融状态下致密化的过程。烧结温度分别选择为 900℃、1000℃、1050℃、1100℃，升温速度设置为 3℃/min。当温度达到 700℃时保温 1h，达到烧结温度时保温 2h。

2.5.2 钨尾矿制备微晶玻璃的性能

如图 2-19 为钨尾矿微晶玻璃的 XRD 图谱。

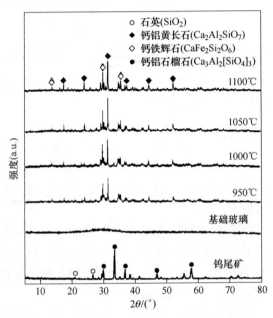

图 2-19   钨尾矿、基础玻璃和不同结晶温度的微晶玻璃样品 XRD 图谱

从图 2-19 中可以看出，钨尾矿的主要矿物组成为钙铝石榴子石（$Ca_3Al_2(SiO_4)_3$，PDF No. 72-1491）和石英（SiO_2，PDF No. 65-0466）。钨尾矿中铁的质量分数为 8.20%，但是在 XRD 图谱中没有找到含铁矿物，可能是因为铁元素溶解在钙铝石榴子石中替代了部分铝元素[42]。从 XRD 图谱中还可以看出基础玻璃样品是典型的无定型结构，说明样品已经彻底的非晶化。从不同烧结温度的钨尾矿微晶玻璃的 XRD 图谱可以看出，在样品中主要有钙铝黄长石（$Ca_2Al_2SiO_7$，PDF No. 35-0755）和钙铁辉石（$CaFeSi_2O_6$，PDF No. 41-1372）两种结晶相从而确认是微晶玻璃。而且钨尾矿微晶玻璃的主要晶相是钙铝黄长石，属于黄长石族群，次要晶相是钙铁辉石。

从钨尾矿 SEM 图 2-20（a）、（b）可以看出，钨尾矿颗粒大小在 10~100μm

之间且无规则形状、表面光滑。当烧结温度为1050℃时，从微晶玻璃断裂面的SEM图（图2-20e）可以清晰地看到尺寸在300~500nm的层状晶体。烧结温度为1050℃时得到的钨尾矿微晶玻璃样品抗折强度可以达到47MPa，抗压强度也达到330MPa。

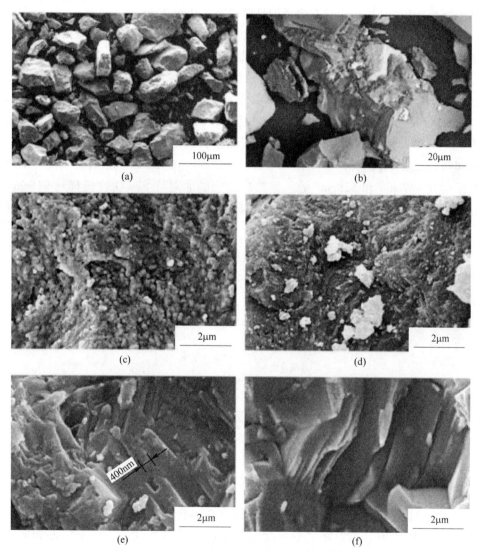

图2-20　钨尾矿和不同结晶温度微晶玻璃样品的SEM图
（a），（b）钨尾矿；（c）950℃；（d）1000℃；（e）1050℃；（f）1100℃

根据文献研究温度在T_g附近时成核速率最高[43]，所以选择略高于T_g的750℃为成核温度，烧结过程中在750℃保温2h来生成更多的晶核。分别选择

950℃、1000℃、1050℃和1100℃作为结晶温度来研究温度对微晶玻璃的影响。在图2-19中当温度从950℃升高到1050℃时，样品的XRD晶相衍射峰也逐渐增强，这说明微晶玻璃样品中的晶相数量也相应增多。当结晶温度达到1000℃时，钙铝黄长石的XRD衍射峰强度没有增强，而且钙铁辉石的衍射峰强度减弱。烧结温度为950℃时样品中只有少量的晶体产生，从图2-20（c），（d），（e）中可以看出随着温度的升高晶相数量和层状结晶随之增多。从图2-20（f）中可以看到当结晶温度达到1100℃时，样品中的晶体熔融并黏结到一起。

图2-21是基础玻璃样品和不同结晶温度的微晶玻璃的FTIR光谱。在基础玻璃的FTIR光谱中，939cm^{-1}处的吸收带对应于非对称Si—O键的伸缩振动，480cm^{-1}处的吸收带对应于Si—O—Si的弯曲振动[44]，703cm^{-1}附近的吸收带对应于AlO$_5$族群的Al—O伸缩振动[45]。跟基础玻璃相比，微晶玻璃的吸收带更加尖锐和明显，Al—O的伸缩振动在604cm^{-1}、677cm^{-1}和722cm^{-1}处，Si—O—Si的弯曲振动在467cm^{-1}和528cm^{-1}处。微晶玻璃中的非对称Si—O被转移到915cm^{-1}处[46]。吸收带的强度随着结晶温度的升高而减弱，高于一定温度时断裂[47]。

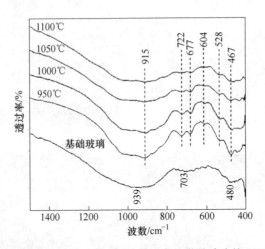

图2-21　基础玻璃样品和不同结晶温度的微晶玻璃的FTIR光谱

图2-22是不同结晶温度对应的微晶玻璃的密度和抗压强度，当结晶温度在950~1100℃时，微晶玻璃的密度随着温度的升高而增加。由于结晶相的密度大于非晶相，基础玻璃样品在晶体生长过程就会伴随着体积的收缩，而晶相的数量随着晶相熔点的降低而增多。在较高的结晶温度下样品的气孔可能也与密度的增加有关。当结晶温度为1050℃时，微晶玻璃的抗压强度最高，而且此时拥有良好的晶体结构和更好的性能，所以钨尾矿微晶玻璃的最佳结晶温度为1050℃。

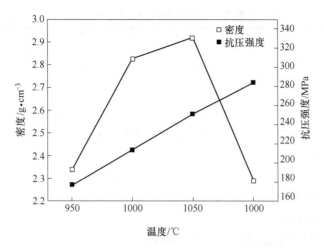

图 2-22 不同结晶温度对应的微晶玻璃的密度和抗压强度

图 2-23 是基础玻璃样品在不同升温速率时的 DSC 曲线，并在升温速度为 10℃/min 的曲线上标注不同峰的温度。通过图中的 3 个结晶吸热峰说明晶相的结晶温度区间为 850~1050℃。从图中可以看出基础玻璃的 T_g 为 680℃，熔点为 1090℃。根据基础玻璃不同升温速率（10℃/min、20℃/min 和 30℃/min）的 DSC 曲线确定基础玻璃的热力学参数并列在表 2-28 中。在较低升温速率（10℃/min）的 DSC 曲线上有三个吸热峰（T_{p1}、T_{p2} 和 T_{p3}）。当升温速率较高时（20℃/min 和 30℃/min）第二个吸热峰 T_{p2} 逐渐被第一个吸热峰 T_{p1} 所覆盖。由于热滞后的影响，随着升温速率的增高，T_{p1} 和 T_{p3} 转移到较高的温度而增加[48~50]。

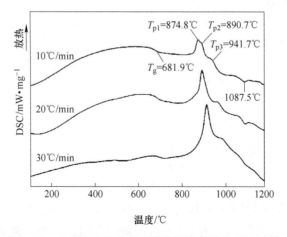

图 2-23 基础玻璃样品在不同升温速率时的 DSC 曲线

表 2-28　基础玻璃的热力学参数

$\alpha/℃ \cdot min^{-1}$	$T_g/℃$	$T_{p1}/℃$	$T_{p2}/℃$	$T_{p3}/℃$
10	681.9	874.8	890.7	941.7
20	683.6	893.5	—	961.4
30	700.4	914.0	—	981.7

非晶样品中的晶体生长动力学可以通过 Johnson-Mehl-Avrami（JMA）方程式来描述[51~53]。

$$- \ln(1 - x) = (kt)^n \tag{2-2}$$

式中　x——晶相的体积分数；

　　　t——结晶时间；

　　　n——取决于结晶机制的 Avrami 指数；

　　　k——反应速率常数（和反应温度 T 有关），通过 Arrhenius 类型方程式计算：

$$k = \nu\exp\left(- \frac{E}{RT}\right) \tag{2-3}$$

式中　ν——频率因子；

　　　E——晶体生长的活化能；

　　　R——气体常数。

非等温非晶样品的结晶动力学可通过下面的公式[54,55]描述：

$$\ln \frac{T_p^2}{\alpha} = \frac{E}{RT_p} + C \tag{2-4}$$

式中　T_p——DSC 曲线结晶峰的吸热温度；

　　　α——升温速率；

　　　E——通过 E_q 计算。

活化能（E_α）通过第一吸热峰温度（T_{p1}）计算，通过图 2-24 可以看到。通过计算斜率得到活化能为 381.16kJ/mol 。Avrami 参数 n（取决于晶体生长机制）可以通过 Augis-Bennett 公式计算[56]：

$$n = \frac{2.5}{\Delta T} \frac{RT_p^2}{E} \tag{2-5}$$

式中　ΔT——放热峰在半最强的全宽。

Avrami 参数 $n = 1$，说明是单面生长即表面结晶，$n = 2$ 说明是双面结晶，$n = 3$ 说明是三面结晶（大量结晶）[57,58]。当升温速率分别为 10℃/min、20℃/min 和 40℃/min 时对应的 n 的值分别为 2.17、2.04 和 1.92。当生长温度在 850~1050℃ 之间时，$n = 2.04$ 接近于 2，说明结晶机制是双面结晶，通过微晶玻璃的 SEM 图可以得到验证。

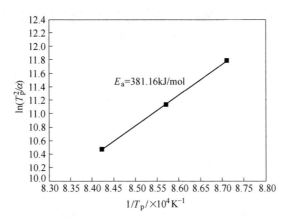

图 2-24 微晶玻璃中晶体生长 $\ln(T_p^2/\alpha)$ 与 $1/T_p$ 的函数关系

2.6 钨尾矿制备陶瓷砖

2.6.1 实验方法

2.6.1.1 原料配方设计

钨尾矿的主要化学成分为 SiO_2、Al_2O_3、Fe_2O_3、CaO，主要矿物组成是石英和钙铝石榴子石。在陶瓷坯体中 SiO_2 是陶瓷的主要成分，含量较高，直接影响陶瓷的强度及其他性能。如果超过 75%接近 80%就会导致陶瓷的热稳定性变差，容易炸裂。Al_2O_3 可以提高陶瓷的化学稳定性、热稳定性、物理化学性能、机械强度和白度。但含量过多会提高烧成温度，过少（低于 15%）则陶瓷坯体熔点变低，容易变形。在一般日用或建筑陶瓷中，碱土金属氧化物（CaO、MgO 等）与碱金属氧化物共同起着助熔作用。对于一般陶瓷产品来说，着色氧化物（Fe_2O_3 等）含量过多会影响陶瓷制品的色泽和外观，不过适量的 Fe_2O_3 可以调节陶瓷的颜色，生产红色或褐色陶瓷。对于陶瓷坯料，钨尾矿中 SiO_2（35.97%）、Al_2O_3（8.38%）含量偏低不利于陶瓷产品的强度，Fe_2O_3（15.09%）、CaO（26.08%）含量偏高使陶瓷制品熔点降低且呈偏红色。钨尾矿具有硬度高粒度细的特点，但是可塑性较差，因此不可单独作为原料制备陶瓷产品。在陶瓷工业中钙长石（$CaAl_2Si_2O_8$）的主要化学组成为 CaO（20.1%）、Al_2O_3（36.7%）、SiO_2（43.2%），SiO_2 和 CaO 与钨尾矿的含量接近。长石类原料在陶瓷坯体配料中属于瘠性原料，可以降低坯体的干燥收缩及变形，改善坯体的干燥性能，缩短坯体的干燥时间。在陶瓷烧成过程中，长石质原料可以作为熔剂降低坯体烧成温度，并促使石英和高岭土的物理化学反应，能够形成液相而加速莫来石的形成。熔融中生成的玻璃相充填于坯体晶粒之间，使坯体致密而减少空隙，并提高坯体的透光性。高岭土是最常见的黏土矿物，具有较高的白度和耐火度，而且具有良好的成型性能和烧结性能，所以选择钨尾矿、高岭土为主要原料，同时引入石英弥补原料中 SiO_2 的不足。

在原料配方选择中，选择长石质陶瓷坯体配料区间，即陶瓷主晶相为莫来石。根据 CaO-Al_2O_3-SiO_2 系统相图（图 2-25），陶瓷坯体的化学成分组成区间 SiO_2 含量为 50%~65%，Al_2O_3 含量 29%~35%，CaO 含量 10%~20%。由于一般建筑用陶瓷砖辊道窑烧成温度在 1180~1250℃，适当降低烧成温度可以大幅度节约生产成本。根据表 2-29 中各原料的化学成分组成最终确定，坯体原料配比为钨尾矿：高岭土：石英=5：3：2。

表 2-29　主要原料及其组成（质量分数）　　　（%）

原料	SiO_2	Al_2O_3	Fe_2O_3	CaO	MgO	Na_2O	K_2O
钨尾矿	35.97	8.38	15.09	26.08	2.28	—	0.05
高岭土	53.25	32.76	0.65	0.83	0.42	0.18	0.58
石英	100	—	—	—	—	—	—

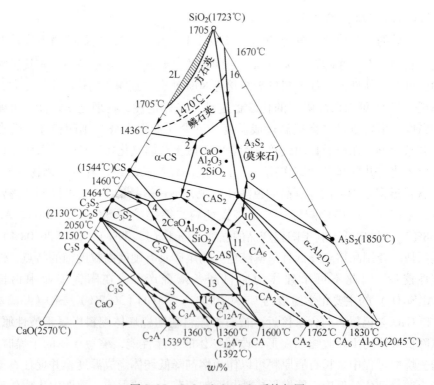

图 2-25　CaO-Al_2O_3-SiO_2 系统相图

2.6.1.2 制备过程

钨尾矿制备陶瓷砖的工艺流程如图 2-26 所示。

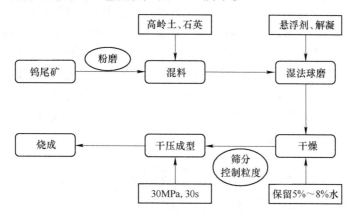

图 2-26 钨尾矿制备陶瓷砖工艺流程图

（1）配料。按比例称取原料后混合均匀得到配合料。原料准备主要是对钨矿尾砂进行研磨、筛选、除泥等处理。按陶瓷配方各原料比例称取原料，计算 400g 配合料所需各原料用量，按计算结果称取原料。

（2）球磨和造粒。采用湿法球磨的方法，利用行星式球磨机对陶瓷进行球磨。球磨时，先将 400g 混合料加入到球磨罐中，然后加去离子水、放入球石，料：水：球比约为 2：1：2。再将球磨罐密封好装入球磨机球磨 10min。球磨前原料中需加入悬浮剂和解凝剂防止在球磨过程中原料沉降导致混合不均匀和原料发生团聚。将磨好的陶瓷坯体原料进行烘干，同时保留 5%~8% 的水分。造粒时把陶瓷坯体混合料从 0.38mm 筛挤压滤过，收集落在 0.15mm 筛上面的粒料为所需样品，通过 0.15mm 筛的粉料回收，重新按造粒步骤进行造粒。

（3）成型与烧结。称取适量的造粒得到的混合料放入 $\phi60mm$ 的模具中，利用自动压制成型机进行压制成型。压力设置为 30MPa，保压时间 2min 得到尺寸为 5mm×$\phi60$ mm 的饼状样品。烧结是把上述压制成型的坯体经过加热使其在半熔融状态下致密化的过程。烧结温度分别选择为 950℃、1000℃、1100℃、1150℃、1200℃，升温速度设置为 3℃/min。当温度达到 700℃时保温 1h，达到烧结温度时保温 2h。

2.6.2 钨尾矿陶瓷晶相和微观结构

图 2-27 是不同烧结温度（1000℃、1150℃、1250℃）下得到的样品的 XRD 图谱。从图中可以看出，样品的主晶相随着烧结温度的升高发生明显变化。烧结温度为 1000℃的样品中主晶相是石英（SiO_2，PDF No. 46-1045）和钙铁石榴石

（Ca_3Fe_2（SiO_4）$_3$，PDF No. 89-7564），与原料钨尾矿中主要矿物晶相相同。这说明当烧结温度为 1000℃ 时样品烧结不充分，没有发生固相反应，尚未有新的晶相产生。当烧结温度达到 1150℃ 时，样品中的石英和钙铁石榴石晶相趋近于消失，同时样品中主晶相钙长石（$CaAl_2Si_2O_8$，PDF No. 70-0287）的数量增多，新晶相赤铁矿（Fe_2O_3，PDF No 89-0597）出现。随着烧结温度的升高，样品中石英和钙长石的数量逐渐减少，说明石英和钙铁石榴石在烧结过程中逐渐转变为钙长石相和钙赤铁矿相。当烧结温度高于 1200℃ 时，样品的主晶相为钙长石和石英，但赤铁矿的数量开始增加。烧结温度为 1250℃ 时，样品开始产生大量的气泡，陶瓷片明显过烧，微观结构也发生明显改变。

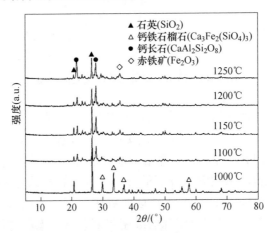

图 2-27　不同烧结温度样品的 XRD 图谱

　　图 2-28 和图 2-29 是烧结温度分别为 1000℃、1150℃、1200℃ 和 1250℃ 时样品的 SEM 图。图 2-28（a）中并不是烧结形成的孔，因为在此温度时并没有发生真正的化学反应，从图 2-29（a）中可以清晰地判断出。图 2-29（a）中可以看出，烧结温度为 1000℃ 时，样品中的颗粒处于烧结的初始阶段，表现为物理黏结，从 XRD 结果中可以确定。随着烧结温度的升高，样品表面的微观结构也发生明显的变化，从图 2-28（b）中可以看出，在烧结温度为 1150℃ 时，样品的结构更加致密，表面更加光滑，气孔消失，从图 2-29（b）可以看到晶相产生。样品中均匀分布的圆柱形晶体长度在 5~10μm 之间。烧结温度是样品微观结构和晶相的主要影响因素。从图 2-28（c）中可以看出，烧结温度达到 1200℃ 时，样品表面开始出现烧结气孔，气孔的直径小于 100μm。温度到 1250℃ 时，开始出现发泡现象，根据图 2-28（d）可以看出气孔的直径可以达到 300μm，由于烧结速度过快，烧结中产生的气体不能顺利排出从而使样品中出现大量的气泡。烧结温度为 1250℃ 时，样品的性能明显下降，接近于发泡陶瓷。从图 2-29（d）中可以看出微观结构的孔隙壁，图中可以观察到柱状晶体，样品的微观结构也较为致密。

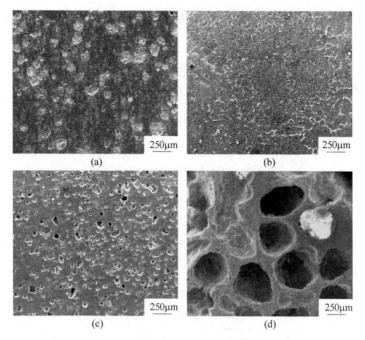

图 2-28　不同烧结温度下样品的 SEM 结构图

（a）1000℃；（b）1150℃；（c）1200℃；（d）1250℃

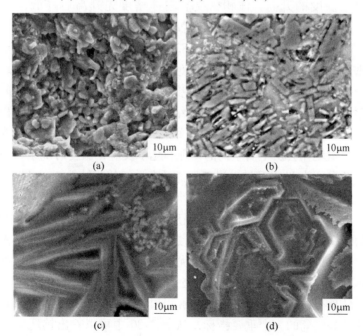

图 2-29　不同烧结温度下样品的 SEM 晶相图

（a）1000℃；（b）1150℃；（c）1200℃；（d）1250℃

通过 XRD 和 SEM 结果分析表明，样品的微观结构和晶相都随着烧结温度的升高发生很大改变，烧结温度为 1150℃时，样品具有良好的结晶度和致密的结构。

2.6.3　钨尾矿陶瓷的性能

表 2-30 是不同烧结温度下钨尾矿陶瓷的性能，性能随着烧结温度的升高明显改变。

表 2-30　不同烧结温度下样品的性能

烧结温度/℃	1000	1050	1100	1150	1200	1250
体积密度/$g \cdot cm^{-3}$	2.03±0.02	2.15±0.02	2.27±0.02	2.50±0.02	1.52±0.02	0.82±0.02
堆积密度/$g \cdot cm^{-3}$	2.45±0.02	2.47±0.02	2.50±0.02	2.58±0.02	2.03±0.02	1.98±0.02
孔隙率/%	17.14±0.04	13.30±0.04	9.20±0.04	3.10±0.04	25.12±0.04	58.89±0.04
酸侵蚀率/%	98.52±0.02	98.78±0.02	99.81±0.02	99.78±0.02	99.65±0.02	99.58±0.02
碱侵蚀率/%	98.91±0.02	99.23±0.02	99.92±0.02	99.89±0.02	99.88±0.02	99.80±0.02
抗折强度/MPa	10.31	19.25	31.74	48.52	23.93	11.21

随着烧结温度的升高，体积密度和粉体密度先升高后降低，烧结温度为 1150℃时体积密度达到 2.50g/cm³，当烧结温度高于 1200℃时体积密度和粉体密度都开始下降。1250℃时体积密度为 0.82g/cm³，孔隙率为 58.89%。孔隙率的变化和体积密度的变化恰恰相反，随着温度的升高孔隙率先减少后升高。从图 2-30 中可以看出体积密度和孔隙率随温度的变化，在 1000℃到 1150℃之间，体积密度和孔隙率的变化较为平缓，过高的烧结温度（高于 1200℃）使体积密度和孔隙率明显改变。对于陶瓷来说更大的体积密度和更小的孔隙率对应着更好的性能。烧结过程中坯体会发生一系列的物理和化学反应，温度对烧结过程有着重要的影响。烧结温度为 1150℃时钨尾矿陶瓷具有最好的烧结性能，此时体积密度为 2.50g/cm³，孔隙率为 3.1%。

从表 2-30 中还可以看出不同烧结温度下钨尾矿陶瓷的耐腐蚀性能，样品表现出良好的耐腐蚀性能。耐酸性能和耐碱性能都随着烧结温度的升高先提高后降低，根据测试结果显示样品的耐碱性能优于耐酸性能。当烧结温度过高时，由于样品的孔隙率增加，微观结构变得疏松导致耐腐蚀性严重下降。烧结温度为 1150℃的样品具有最好的耐腐蚀性能，耐酸和耐碱分别可以达到 99.81 和 99.82。

力学性能是陶瓷的一个重要指标，从表 2-30 中可以看出钨尾矿陶瓷样品的抗折强度随着烧结温度的升高先增后减，温度为 1150℃时抗折强度可以达到最大值 48.52MPa。烧结温度从 1000℃上升到 1150℃，抗折强度从 7.34MPa 上升到

48.52MPa，与温度的变化接近于线性关系。从图 2-31 中可以看出抗折强度随烧结温度的变化，当烧结温度高于 1200℃时，钨尾矿陶瓷样品的抗折强度剧烈地下降，从 48.52MPa 下降到 11.21MPa。样品的力学性能与样品的结构有直接的关系，当烧结温度高于 1200℃时，样品中产生大量的气泡使得样品的结构疏松，从而导致力学性能减弱。

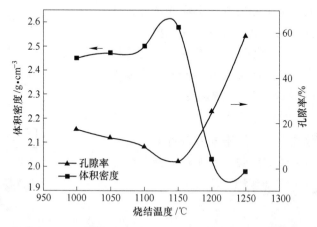

图 2-30 不同烧结温度下样品的体积密度和孔隙率

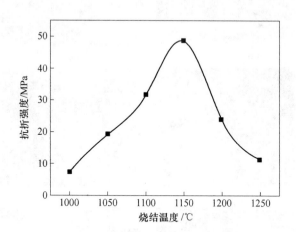

图 2-31 不同烧结温度下样品的抗折强度

2.7 钨尾矿制备陶瓷砖扩大试验

2.7.1 扩大实验

2.7.1.1 辊道窑快速烧成制备钨尾矿陶瓷砖

陶瓷砖的主要生产工艺流程见图 2-32，主要包括配料、混料、球磨、喷雾干燥造球、压片、烧成、冷却。

陶瓷砖生产现场见图 2-33，各生产设备流水线式完成瓷砖生产的各道工序。首先根据设计好的陶瓷砖坯体原料配方，精确称量各种生产原料，然后加入到球磨机进行球磨混合。球磨混合均匀的浆料进入喷雾干燥塔进行干燥并造球，造球后的粉体在自动压片机上进行压片成型，压力为 25MPa，保压 60s。成型后的瓷砖坯体经传送带进入辊道窑烧结，烧成温度为 1180℃，烧成周期为 45min，出窑冷却后得到陶瓷砖产品。

2.7.1.2　钨尾矿陶瓷砖配方

在合理的范围内选取三组配方进行不同配方的钨尾矿制备陶瓷砖的试验，各配方见表 2-31。

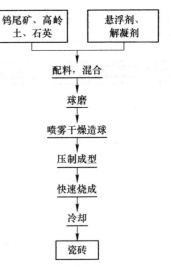

图 2-32　陶瓷砖生产工艺流程图

(a)

(b)

(c)

(d)

(e)

(f)

图 2-33　陶瓷砖生产现场

(a) 混料；(b) 球磨；(c) 喷雾干燥；(d) 压片成型；(e) 烧成；(f) 冷却

表 2-31 钨尾矿陶瓷砖配方 （%）

方案	配比（质量分数）		
	钨尾矿	高岭土	石英
一	40	40	20
二	50	30	20
三	60	30	10

2.7.2 产品性能检测

根据陶瓷砖国标 GB/T 4001—2006 对不同配方瓷砖产品进行抗折强度（断裂模数）、吸水率、耐化学腐蚀性、抗热震性、抗冻性进行检测。钨尾矿陶瓷砖主要性能见表 2-32，检测设备见图 2-34。

表 2-32 不同配方钨尾矿瓷砖的性能

样品	指标				
	吸水率/%	抗折强度/MPa	耐化学腐蚀	抗热震性	抗冻性
一	0.40	44.3	ULA	无可见缺陷	无裂痕
二	0.42	41.2	ULA	无可见缺陷	无裂痕
三	0.42	32.7	ULC	有可见缺陷	无裂痕
国标	≤0.5	≥35	—	—	无裂痕

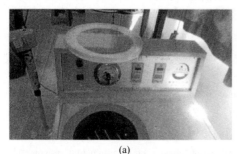
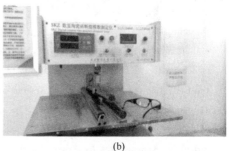

(a) (b)

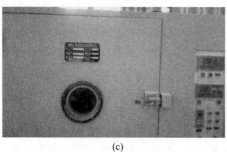

(c) (d)

图 2-34 陶瓷砖性能检测仪器设备

（a）吸水率；（b）断裂模数；（c）抗热震性；（d）抗冻性

　　从表 2-29 中发现，随着钨尾矿用量的增多，陶瓷砖的性能有下降的趋势，钨尾矿用量为 50% 时，样品的性能基本满足国标要求。从图 2-35 中可以看出，由于钨尾矿中铁含量较高，制备的陶瓷砖外观偏红，只能用于深色瓷砖，颜色调节难度大。

图 2-35　产品外观对比

参 考 文 献

[1] 彭康，伦惠林，杨华明，等 . 钨尾矿综合利用的研究进展 [J]. 中国资源综合利用，2013，31（2）：35~38.

[2] Petrunic B M, Al T A, Weaver L. A transmission electron microscopy analysis of secondary minerals formed in tungsten-mine tailings with an emphasis on arsenopyrite oxidation [J]. Applied Geochemistry, 2006, 21（8）：1259~1273.

[3] Liu C P, Luo C L, Gao Y, et al. Arsenic contamination and potential health risk implications at an abandoned tungsten mine, southern China. [J]. Environmental Pollution, 2010, 158（3）：820~826.

[4] Strigul N, Koutsospyros A, Arienti P, et al. Effects of tungsten on environmental systems [J]. Chemosphere, 2005, 61（2）：248~258.

[5] Koutsospyros A, Braida W, Christodoulatos C, et al. A review of tungsten: from environmental obscurity to scrutiny [J]. Journal of Hazardous Materials, 2006, 136（1）：1~19.

[6] Hsu S C, Hsieh H L, Chen C P, et al. Tungsten and other heavy metal contamination in aquatic environments receiving wastewater from semiconductor manufacturing. [J]. Journal of Hazardous Materials, 2011, 189（1-2）：193~202.

[7] Petrunic B M, Al T A. Mineral/water interactions in tailings from a tungsten mine, Mount Pleasant, New Brunswick [J]. Geochimica Et Cosmochimica Acta, 2005, 69（10）：2469~2483.

[8] Wang X D, Ni P, Jiang S Y, et al. Origin of ore-forming fluid in the Piaotang tungsten deposit in Jiangxi Province: Evidence from helium and argon isotopes [J]. Science Bulletin, 2010, 55

（7）：628~634.

［9］ Luoa L, Miyazakia T, Shibayamaa A, et al. A novel process for recovery of tungsten and vanadium from a leach solution of tungsten alloy scrap ［J］. Minerals Engineering, 2003, 16（7）：665~670.

［10］ Malyshev V V, Gab A I. Resource-saving methods for recycling waste tungsten carbide-cobalt cermets and extraction of tungsten from tungsten concentrates ［J］. Theoretical Foundations of Chemical Engineering, 2007, 41（4）：436~441.

［11］ Ma Y, Hao Q, Poudel B, et al. Enhanced thermoelectric figure-of-merit in p-type nanostructured bismuth antimony tellurium alloys made from elemental chunks. ［J］. Nano Letters, 2008, 8（8）：2580.

［12］ Cheng J Y, Ross C A, Chan V. Formation of a cobalt magnetic dot array via block copolymer lithography ［J］. Advanced Materials, 2001, 13（15）：1174~1178.

［13］ Llorca J, Homs N, Sales J, et al. Efficient Production of Hydrogen over Supported Cobalt Catalysts from Ethanol Steam Reforming ［J］. Journal of Catalysis, 2002, 209（2）：306~317.

［14］ Meng X, Qiu J, Peng M, et al. Near infrared broadband emission of bismuth-doped aluminophosphate glass ［J］. Optics Express, 2005, 13（5）：1628.

［15］ Wang J. Stripping Analysis at Bismuth Electrodes: A Review ［J］. Electroanalysis, 2005, 17（15-16）：1341~1346.

［16］ Kholmogorova A G, Kononovab O N. Processing mineral raw materials in Siberia: ores of molybdenum, tungsten, lead and gold ［J］. Hydrometallurgy, 2005, 76（1）：37~54.

［17］ Stupak D F, Prokof'ev V Y, Zaraiskii G P. Formation conditions of the ore-bearing lithium-fluoride granites of the Shumilov tungsten deposit, central Transbaikalia ［J］. Petrology, 2008, 16（3）：312~317.

［18］ Murciego A, Alvarez-Ayuso E, Pellitero E, et al. Study of arsenopyrite weathering products in mine wastes from abandoned tungsten and tin exploitations. ［J］. Journal of Hazardous Materials, 2011, 186（1）：590~601.

［19］ Giamello M, Protano G, Riccobono F, et al. The W-Mo deposit of Perda Majori（SE Sardinia, Italy）: a fluid inclusion study of ore and gangue minerals ［J］. European Journal of Mineralogy, 1992, 4（5）：1079~1084.

［20］ Ilhan S, Kalpakli A O, Kahruman C, et al. The investigation of dissolution behavior of gangue materials during the dissolution of scheelite concentrate in oxalic acid solution ［J］. Hydrometallurgy, 2013, 136（4）：15~26.

［21］ Srivastava J P, Pathak P N. Pre-concentration: a necessary step for upgrading tungsten ore ［J］. International Journal of Mineral Processing, 2000, 60（1）：1~8.

［22］ 张国范, 魏克帅, 冯其明, 等. 浮钨尾矿萤石的活化与浮选分离 ［J］. 化工矿物与加工, 2011,（9）：6~8, 12.

［23］ 李纪. 柿竹园白钨浮选尾矿综合回收萤石试验研究 ［J］. 有色金属, 2012（1）：33~35.

［24］ Zhao T, Li B W, Gao Z Y, et al. The utilization of rare earth tailing for the production of glass-ceramics ［J］. Materials Science & Engineering B, 2010, 170（1-3）：22~25.

[25] Yang H, Chen C, Pan L, et al. Preparation of double-layer glass-ceramic/ceramic tile from bauxite tailings and red mud [J]. Journal of the European Ceramic Society, 2009, 29 (10): 1887~1894.

[26] Shao H, Liang K, Peng F, et al. Production and properties of cordierite-based glass-ceramics from gold tailings [J]. Minerals Engineering, 2005, 18 (6): 635~637.

[27] Zhao F Q, Zhao J, Liu H J. Autoclaved brick from low-silicon tailings [J]. Construction & Building Materials, 2009, 23 (1): 538~541.

[28] Zhang S, Xue X, Liu X, et al. Current situation and comprehensive utilization of iron ore tailing resources [J]. Journal of Mining Science, 2006, 42 (4): 403~408.

[29] Pappu A, Saxena M, Asolekar S R. Solid wastes generation in India and their recycling potential in building materials [J]. Building & Environment, 2007, 42 (6): 2311~2320.

[30] Celik O, Elbeyli I Y, Piskin S. Utilization of gold tailings as an additive in Portland cement [J]. Waste Management & Research the Journal of the International Solid Wastes & Public Cleansing Association Iswa, 2006, 24 (3): 215.

[31] Zhao S, Fan J, Sun W. Utilization of iron ore tailings as fine aggregate in ultra-high performance concrete [J]. Construction & Building Materials, 2014, 50 (2): 540~548.

[32] Jiao X, Zhang Y, Chen T. Thermal stability of a silica-rich vanadium tailing based geopolymer [J]. Construction & Building Materials, 2013, 38 (38): 43~47.

[33] Roy S, Adhikari G R, Gupta R N. Use of gold mill tailings in making bricks: a feasibility study [J]. Waste Management & Research the Journal of the International Solid Wastes & Public Cleansing Association Iswa, 2007, 25 (5): 475~482.

[34] Li C, Sun H, Yi Z, et al. Innovative methodology for comprehensive utilization of iron ore tailings : Part 2: The residues after iron recovery from iron ore tailings to prepare cementitious material [J]. Journal of Hazardous Materials, 2010, 174 (1-3): 78.

[35] Fang Y, Gu Y, Kang Q, et al. Utilization of copper tailing for autoclaved sand-lime brick [J]. Construction & Building Materials, 2011, 25 (2): 867~872.

[36] Yi Z L, Sun H H, Wei X Q, et al. Iron ore tailings used for the preparation of cementitious material by compound thermal activation [J]. International Journal of Minerals, Metallurgy and Materials, 2009, 16 (3): 355~358.

[37] Chen Y, Zhang Y, Chen T, et al. Preparation of eco-friendly construction bricks from hematite tailings [J]. Construction & Building Materials, 2011, 25 (4): 2107~2111.

[38] Li D X, Gao G L, Meng F L, et al. Preparation of nano-iron oxide red pigment powders by use of cyanided tailings. [J]. Journal of Hazardous Materials, 2008, 155 (1-2): 369~377.

[39] Zhu P, Wang L Y, Hong D, et al. A study of making synthetic oxy-fluoride construction material using waste serpentine and kaolin mining tailings [J]. International Journal of Mineral Processing, 2012, s 104-105 (4): 31~36.

[40] Lee J K, Shang J Q, Wang H, et al. In-situ study of beneficial utilization of coal fly ash in reactive mine tailings [J]. Journal of Environmental Management, 2014, 135 (4): 73~80.

[41] Zhao T, Li B W, Gao Z Y, et al. The utilization of rare earth tailing for the production of glass-ceramics [J]. Materials Science & Engineering B, 2010, 170 (1-3): 22~25.

[42] Bernardo E, Esposito L, Rambaldi E, et al. Sintered esseneite-wollastonite-plagioclase glass-ceramics from vitrified waste [J]. Journal of the European Ceramic Society, 2009, 29 (14): 2921~2927.

[43] Frank-Kamenetskaya O V, Rozhdestvenskaya I V, Shtukenberg A G, et al. Dissymmetrization of crystal structures of grossular-andradite garnets $Ca_3(Al, Fe)_2(SiO_4)_3$ [J]. Structural Chemistry, 2007, 18 (4): 493~503.

[44] Shao H, Liang K, Peng F, et al. Production and properties of cordierite-based glass-ceramics from gold tailings [J]. Minerals Engineering, 2005, 18 (6): 635~637.

[45] Bernardo E, Bonomo E, Dattoli A. Optimisation of sintered glass-ceramics from an industrial waste glass [J]. Ceramics International, 2010, 36 (5): 1675~1680.

[46] Zhou J, Wang Y. A novel process of preparing glass-ceramics with pseudo-bioclastic texture [J]. Ceramics International, 2008, 34 (1): 113~118.

[47] Yang J, Zhang D, Hou J, et al. Preparation of glass-ceramics from red mud in the aluminium industries [J]. Ceramics International, 2008, 34 (1): 125~130.

[48] Okuno M, Zotov N, Schmücker M, et al. Structure of SiO_2-Al_2O_3, glasses: Combined X-ray diffraction, IR and Raman studies [J]. Journal of Non-Crystalline Solids, 2005, 351 (12-13): 1032~1038.

[49] Atalay S, Adiguzel H I, Atalay F. Infrared absorption study of Fe_2O_3-CaO-SiO_2, glass ceramics [J]. Materials Science & Engineering A, 2001, s 304-306 (1): 796~799.

[50] Shoval S, Yadin E, Panczer G. Analysis of thermal phases in calcareous Iron Age pottery using FT-IR and Raman spectroscopy [J]. Journal of Thermal Analysis and Calorimetry, 2011, 104 (2): 515~525.

[51] Feng H, Li C, Shan H. Effect of Calcination Temperature of Kaolin Microspheres on the In situ Synthesis of ZSM-5 [J]. Catalysis Letters, 2009, 129 (1): 71~78.

[52] Wu J, Li Z, Huang Y, et al. Crystallization behavior and properties of K_2O-CaO-Al_2O_3-SiO_2, glass-ceramics [J]. Ceramics International, 2013, 39 (7): 7743~7750.

[53] Avrami M. Kinetics of Phase Change. I General Theory [J]. Journal of Chemical Physics, 1939, 7 (12): 1103~1112.

[54] Johnson W A, Mehl K F. Reaction kinetics in process of nucleation and growth [J]. Metallurgical and Materials Transactions A-Physical Metallurgy and Materials Science, 2010, 41A (11): 2713~2775.

[55] Kissinger H E. Variation of Peak Temperature with Heating Rate in Differential Thermal Analysis [J]. Journal of Research of the National Bureau of Standards, 1956, 57 (4): 217~221.

[56] Hu A M, Li M, Mao D L. Crystallization of spodumene-diopside in the las glass ceramics with CaO and MgO addition [J]. Journal of Thermal Analysis and Calorimetry, 2007, 90 (1):

185~189.

[57] Hu A M, Li M, Mao D L. Growth behavior, morphology and properties of lithium aluminosilicate glass ceramics with different amount of CaO, MgO and TiO_2, additive [J]. Ceramics International, 2008, 34 (6): 1393~1397.

[58] Augis J A, Bennett J E. Calculation of the Avrami parameters for heterogeneous solid state reactions using a modification of the Kissinger method [J]. Journal of Thermal Analysis and Calorimetry, 1978, 13 (2): 283~292.

3 铝土矿尾矿制备聚合物填料

3.1 引言

铝资源是一种重要的国家储备资源，铝工业的发展对国家经济的发展有很大的推进作用。在我国，铝土矿资源比较丰富，主要以一水硬铝石为主，具有高铝、高硅、低铁的特征，矿石的 A/S 较低，不能直接提炼氧化铝，因而导致我国三氧化二铝（Al_2O_3）生产工艺复杂、生产成本高、产品质量差[1~3]。为提高铝土矿的 A/S 比，需要对铝土矿进行选矿，以便直接应用于拜耳法工业生产（A/S 不小于 10）。但这个过程会产生大量尾矿，尾矿产率一般在 25% 左右[4,5]，大量尾矿的堆放将带来环境污染、资源浪费等一系列问题。尾矿的成分复杂，种类繁多。铝土矿选矿尾矿中除部分未分离的一水硬铝石外，其主要以高岭土类层状硅酸盐矿物形式存在，此外，尾矿中还含有少量的微量元素，所以，很难直接用于其他材料的生产，若用于复合材料中，需要改善尾矿粉末表面的活性，来提高它的利用率，并使它的附加值得到提高。因此，根据尾矿粉体矿物多样性特点，选用多种表面活性剂，利用不同表面活性剂对尾矿粉体中的多种矿物进行复合改性，改性后得到分散性、相容性、润湿性好的粉体，共混聚氯乙烯（PVC）基料，造粒、熔融挤出、制备 PVC 复合材料，为尾矿的综合开发利用、新材料开发和环境治理提供新的思路。

3.2 铝土矿尾矿预处理

3.2.1 铝土矿尾矿废渣特性

3.2.1.1 尾矿的成分和物相组成

A 尾矿的化学组成

尾矿主要化学成分是 Al_2O_3 和 SiO_2，约占质量的 70%，另有少量的 TiO_2、MgO、CaO、Fe_2O_3、K_2O、Na_2O 等，以及一些单质元素杂质如硫、镓、钪等，另外也有一些是选矿后残留下来的表面活性剂，此类有机药剂在干燥的过程中容易挥发。河南某选矿厂的铝土矿尾矿化学成分分析见表 3-1，该化学成分与目前市场上常用的塑料填料（除碳酸钙外）成分相似。

表 3-1　尾矿的化学成分　　　　　　　（%）

$w(Al_2O_3)$	$w(SiO_2)$	$w(Fe_2O_3)$	$w(K_2O)$	$w(TiO_2)$	$w(Na_2O)$	$w(CaO)$	$w(MgO)$	烧损（Ig）
54.74	19.01	6.16	0.37	3.47	0.06	0.63	0.18	15.19

B　尾矿的矿物组成

XRD 检测结果如图 3-1 所示。从图中可以看出，一水硬铝石、石英等矿物相衍射峰尖锐、结晶度高，矿物相中除一水硬铝石和游离的二氧化硅外，主要是一些层状铝硅酸盐矿物相，如高岭石、伊利石等。在 XRD 衍射定性分析基础上作 XRD 定量分析，可知尾矿中一水硬铝石和高岭石的质量分数超过 70%，其中一水硬铝石的质量分数在 50%左右。

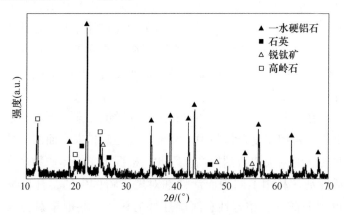

图 3-1　尾矿的 XRD 衍射分析

C　不同煅烧温度下尾矿的结构变化

尾矿成分复杂，超细加工后在不同煅烧温度（升温速率为 3℃/min）的 XRD 衍射分析见图 3-2。从图中可以看出，在 20~500℃之间，XRD 图谱中其物相组成基本上不发生变化，没有新的物相生成，主要矿物为一水硬铝石、高岭石，另外还含有少量的锐钛矿和伊利石。当煅烧温度继续升高时，物相发生变化，在 500~800℃之间，有一些新的物相生成，一水硬铝石和高岭石部分特征峰变弱，乃至消失。同时可以明显地看到 Al_2O_3 的特征峰出现，也伴有白云母的生成。这些不同温度下的物相变化，说明该尾矿在 500℃以下，热稳定性良好，在用作橡塑填料时，造粒及成型过程中，不会挥发及发生相变而影响橡塑制品的性能。再者，尾矿的多物相结构虽然在表面改性时存在一定困难，但在用作橡塑填料时能发挥多组分的协同效应，如在不改变塑料制品的物理性能的基础上有一定的阻燃作用。

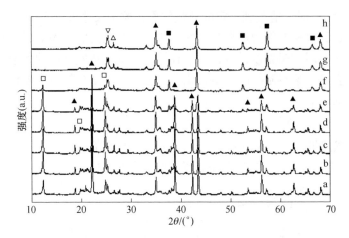

图 3-2　尾矿在不同煅烧温度下的 XRD

□—$Al_2Si_2O_5(OH)_4$（高岭石）；▽—$KAl_2(Si_3Al)O_{10}(OH, F)_2$（白云母）；

▲—$AlO(OH)$（一水硬铝石）；△—$Anatase\text{-}TiO_2$（锐钛矿）；■—Al_2O_3（氧化铝）；

a—室温；b—200℃/1h；c—300℃/1h；d—400℃/1h；e—500℃/1h；

f—600℃/1h；g—700℃/1h；h—800℃/1h

D　尾矿粉体的扫描电镜（SEM）分析

尾矿粉体颗粒的扫描电镜（SEM）分析如图 3-3 所示，从不同倍数的 SEM 图中可以看出，尾矿粉体的粒径分布不均匀，粒径分布范围较广，在 $0.5 \sim 20\mu m$ 之间，这总体上与后面激光粒度仪测试的结果基本一致，颗粒形态多样，主要呈类球状，且有一定的团聚现象，尾矿中粒度较大的颗粒多为硬度较高的一水硬铝石。尾矿粉体的这种粒径分布和形态在复合材料的应用中有一定优势。首先，不同粒径的颗粒可发挥不同的作用，粉体用作填料时，利于制品的加工成型，粒子

(a)　　　　　　　　　　　　　(b)

图 3-3　不同倍数下尾矿的扫描电镜（SEM）图

(a) 200×；(b) 2000×

尺寸处于 1~5μm 时，能起到一定的补强作用，粒子尺寸大于 5μm 时，仅起填料作用；其次，无机材料作为塑料制品的填料，具有优良的阻燃效果；再者，类球状的粒子形态在用作塑料填料时，可以有效改善造粒和成型中的熔液流动性，减少内摩擦，有利于塑料制品的成型；此外，尾矿中硬度高的一水硬铝石颗粒能改善塑料制品的耐磨性。

E　差热-热重分析

差示扫描热量仪是在线性升温、程序控制温度的条件下，测量物质有关性质（如质量、热熔等）与温度之间关系，以及所发生的热量变化，测试结果见图 3-4。

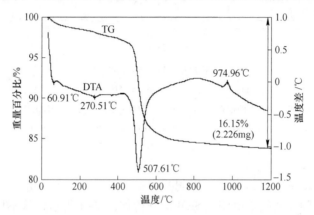

图 3-4　尾矿的差热-热重（DTA-TG）曲线

测试中升温速率为 8℃/min，由图可以看出，其失重量达 16.15%，失重物质主要为自由水、结合水、部分结晶水以及在浮选作业中残留的表面活性剂。在 0~450℃ 之间的低温区产生了一些小的失重台阶和吸热谷，这是样品中的自由水、吸附水以及一些选矿中残留的表面活性剂被脱去所致。在 450~650℃ 之间，有一个大的吸热谷，谷底中心温度为 507.61℃，这是一水硬铝石脱去羟基以及高岭石脱去羟基所致，而且失重急剧增加，这与以前所述的一水硬铝石、高岭石脱水温度相一致。在 650~1000℃ 出现一些小的放热峰，样品失重近似不变，它是热处理过程中一些矿物相的结构发生改变，并生成新的物相，放出热量所致。综合分析，可知偏高岭石的分解反应生成了尖晶石型的 γ-Al_2O_3 和无定形的 SiO_2，并放出热量。

F　尾矿的岩相分析

图 3-5、图 3-6 是尾矿粉体在经过磨片制得光片和玻片，用光学显微镜所拍摄的偏光照片。由图可知，由于一水硬铝石的硬度较高（超过 6），远高于层状硅酸盐物相（硬度约为 3）的硬度，难以磨碎，经过超细加工后，其粒度较大，故在显微镜下颗粒较大。在其周围分布着层状硅酸盐矿物相，如高岭石、伊利

石，及一些石英、铁物相杂质[6]，还有一些是多种矿物团聚而成的大颗粒。

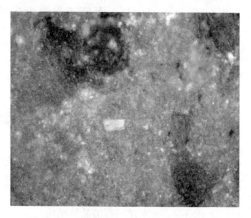

图 3-5 尾矿粉体中一水硬铝石的形貌

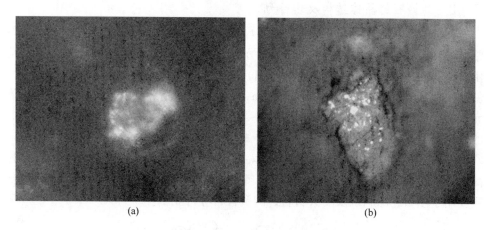

(a)　　　　　　　　　　　　　　(b)

图 3-6 尾矿粉体中矿物形貌

(a) 石英；(b) 层状硅酸盐包裹大颗粒

3.2.1.2 尾矿主要矿物相结构及性质

A 一水硬铝石及热行为

一水硬铝石的化学分子式为 $Al_2O_3 \cdot H_2O$，也可用 $\alpha\text{-}AlO(OH)$ 表示。一水硬铝石具有链状结构、斜方晶系，晶胞参数：$a = 0.441nm$，$b = 0.940nm$，$c = 0.284nm$。在该晶体结构中，氧原子作六方紧密堆积，阳离子 Al^{3+} 位于八面体空隙中，Al 的配位数为 6，O 原子的配位数为 3。八面体结合成的双链构成折线形链，链平行于 c 轴延伸，双链间以角顶相连，链内八面体共棱连接。在一水硬铝石中，由于键力较弱的 OH 存在与其相邻阳离子的距离增大，所以垂直 c 轴的平面上氧离子间肯定有 OH—H 键，O—O 键长 $0.265nm$，质子 H 分布不对称，O—

H—O 为折线状[7,8]。其晶体结构如图 3-7 所示。当温度为 490~580℃时，一水硬铝石发生脱羟基反应，并转变为 α-Al_2O_3，而且随着温度的提高 α-Al_2O_3不再产生新的相变。

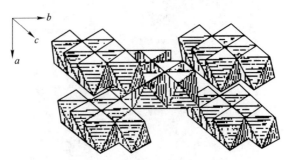

图 3-7　一水硬铝石的晶体结构

B　高岭石的晶体结构及热行为

高岭石的化学通式为 $Al_2Si_2O_5(OH)_8$，也可用 $Al_2O_3 \cdot 2SiO_2 \cdot 2H_2O$，为含水铝硅酸盐层状结构，其结构如图 3-8 所示，其中的水以羟基形式存在。高岭石是由硅氧四面体的六方网层与 Al(O，OH) 八面体按 1：1 结合而成的矿物，属三斜晶系[9]，其晶胞参数为：$a = 0.514nm$，$b = 0.893nm$，$c = 0.737nm$。每个结构单元层间靠氢键连接，从而构成层状堆叠，在连接面上，Al(O，OH) 八面体层中的 3 个 OH 有 2 个被 O 所代替，使每个 Al 周围被 4 个 OH 和 2 个 O 所包围，同时八面体空隙中只有 2/3 位置为 Al 占据。通常高岭石颗粒细小，近似球状。纯的高岭石色白，硬度较低，一般为 1~3，密度较小，为 2.61~2.68g/cm^3。高岭石主要用于填料、涂料以及耐火材料、陶瓷材料等行业中。

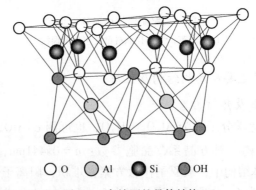

○ O　　◐ Al　　● Si　　◑ OH

图 3-8　高岭石的晶体结构

国内外有关高岭石热行为的研究报道很多[10,11]，在热处理过程中高岭石所发生的变化大致可分为两步：

（1）脱水分解生成偏高岭石

$$Al_2O_3 \cdot 2SiO_2 \cdot 2H_2O \longrightarrow Al_2O_3 \cdot SiO_2 + 2H_2O \ （600℃） \tag{3-1}$$

（2）偏高岭石的分解。对于偏高岭石分解后的产物组成，主要有两种观点：一种认为偏高岭石分解生成 Al-Si 尖晶石（$Al_6Si_2O_{13}$）、弱结晶莫来石和 35% ~ 38% 的 SiO_2；另一种则认为偏高岭石分解后的产物主要为尖晶石型的 γ-Al_2O_3 和无定形 SiO_2[12]。

$$Al_2O_3 \cdot SiO_2 \longrightarrow Al_6Si_2O_{13} + 3Al_2O_3 \cdot SiO_2 + SiO_2 \ （980℃） \tag{3-2}$$

或者
$$Al_2O_3 \cdot SiO_2 \longrightarrow \gamma\text{-}Al_2O_3 + SiO_2 \ （980℃） \tag{3-3}$$

C 二氧化硅的晶体结构及热行为

石英在不同的热力学条件下有不同的变体，常压下，各变体的关系如图 3-9[13] 所示。

α-SiO_2 属于三方晶系，架状结构，每个硅氧四面体的四个角顶，都与相邻的硅氧四面体共顶，硅氧四面体排列成三维空间的架。由图 3-9 可知，α-SiO_2 热稳定性良好，在 0 ~ 500℃ 不会出现结构非晶质转化的过程，也不会产生其他新的相变。SiO_2 的应用范围较广，主要用于橡塑制品的填料、涂料、耐火材料、陶瓷材料等行业中。

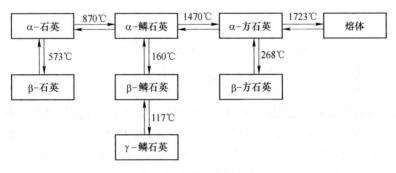

图 3-9 石英变体关系图

3.2.2 铝土矿尾矿的超细加工

随着矿物加工技术的发展，超细加工是粉状物料的高效化应用的重要途径，其作业过程是在外力作用下，通过冲击、挤压、研磨等克服物体变形时的应力与质点之间的内聚力，使块状物料变成细粉的过程。超细加工的目的：一是减少尾矿粒径、增加物料的比表面积，满足塑料填料粒径要求；二是增加尾矿粉体表面活性，以利于后续的粉体表面改性。

3.2.2.1 粉磨物料性质

铝土矿尾矿是多种矿物的混合体，主要矿物相有一水硬铝石、高岭石、伊利石等，前者硬度为6.5~7，后者的硬度一般都小于3[14,15]，矿物相的晶体结构导致硬度差异较大，可磨性差。一水硬铝石的晶体结构为链状结构，化学键结合紧密、牢固，要使大颗粒粉碎成小颗粒，该化学键的断裂需要较多的能量，宏观表现为难以粉碎；含硅矿物如高岭石、伊利石、叶蜡石均属于层状构造的铝硅酸盐，其单位层间靠微弱分子键连接，在外力的作用下易于优先粉碎。在一定的粉磨时间下，尾矿中不同矿物粉磨的难易程度为：一水硬铝石>褐铁矿>高岭石[16]。

　　尾矿物料是尾矿池取出的浆料，晒干后，经激光粒度测试仪测试结果见图3-10。由图可知，尾矿粉体粒度分布较广，粒径在0~82μm之间，在0~45.5μm区间的累积含量达到80%。

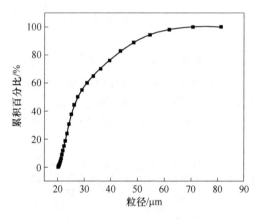

图3-10　尾矿粉体的粒度分布

　　为制备适合塑料制品要求的尾矿超细粉体，超细加工应围绕填料的基本要求来进行。国内外研究中，填料的粒径可由不同粒径的矿物粒子配合，一般填料粒度越小，复合材料的力学性能越佳，其相容性能得到改善。但任何粒度极小和比表面积很大的填料也会产生一定的副效应，如使橡胶的热稳定性下降，并使其加工性能变差，成本增加等，而中等粒度及粒度分布窄的大颗粒填料则使塑料制品的光泽大幅度下降。因此可考虑粒度组成不同的尾矿粉末，它不但可以保持、改善提高材料的相关性能，而且可提高在树脂中的填充量[17~19]。尾矿是多种矿物的混合体，易磨性系数不同，所以在粉磨过程中，其粒径分布较宽。实际生产中，为节省成本，其粉磨细度集中在0~15μm，即可达到较好的综合填充效果。

3.2.2.2　干法超细加工

　　粉磨过程是材料加工的重要环节之一，直接影响着粉状物料的质量。球磨机粉磨物料是靠磨机内研磨体对物料产生冲击和研磨作用来完成的，为了充分发挥研磨体的冲击和研磨作用，在干、湿法生产中通常是将大小不同的研磨体按一定的比例混合装入磨机内使用（称为研磨体的级配），各种钢球的配比一般遵循"中间大、两头小"的原则，与物料的粒度分布特性相似。由于影响磨机产量、质量的因素很多，再加上生产工艺条件的变化，因此，需要为磨机确定一个最佳的级配方案，从而实现粉磨过程的优质、高产、低消耗。如何判定研磨体级配方案的合理性，已成为级配调节过程中的重要环节，球磨机内研磨体级配判定的几种常用方法是：根据磨机产量判定；根据磨机内料、球面判定；根据筛析曲线判定；根据粉磨速度方程判定。

A 最大球径的确定

球磨机的最大球径，可根据公式计算：

$$D_x = 28 \sqrt[3]{d_x} \tag{3-4}$$

式中　D_x——最大球径，mm；

　　　d_x——最大物料粒度，mm。

由图 3-10 中可知物料入磨粒度最大值 $d_x = 0.082$mm，代入公式，得 $D_x = 12.16$mm，考虑到物料粒度较细时的比重较大，及尾矿在选矿时经过了磨矿工艺，其尾矿的一些大颗粒主要是团聚行为所致，故可适当降低最大球径值，因此选用 $D_x = 10$mm 的钢球为研磨体级配中的最大球径，并选用三级级配，另外分别选用 8mm 和 4mm 的钢球。其中小球直径的确定，既取决于大球间空隙的大小，也取决于大球的直径大小。通常情况下，根据球磨机的一些实际工作情况，在研磨体的多级配比中，小球直径取值为大球直径的 70%~80% 比较合适，在多级粉磨的过程中，大球主要起冲击作用，而小球主要起研磨作用。

B 磨球级配的计算

在球磨过程中，为研究方便，可假设如下：研磨物料由两个窄级别物料 A 和 B 混合而成，A 为粗级别，B 为细级别，其各自质量百分含量分别为 a、b，且 $a+b=100\%$；磨矿介质由对应于窄级别 A、B 的两种最佳尺寸钢球混合而成，对应于物料 A 的钢球直径、个数、质量分别为 d_1、N_1、q_1，对应于物料 B 的分别为 d_2、N_2、q_2，$d_1 > d_2$，ρ 为钢球密度。其计算公式如下：

$$\frac{N_1 \times \frac{1}{6}\pi d_1^3 \times \rho}{q_1 + q_2} = a \tag{3-5}$$

$$\frac{N_2 \times \frac{1}{6}\pi d_2^3 \times \rho}{q_1 + q_2} = b \tag{3-6}$$

联立式（3-5）和式（3-6），可得：

$$\frac{N_1}{N_2} = \left(\frac{d_1}{d_2}\right)^{-3} \times \frac{a}{b} \tag{3-7}$$

实验中可采用三段式计算，研磨物料由三个窄级别物料 A 、B 和 C 混合而成，A 为粗级别，B 为次粗级别、C 为细级别，其各自质量百分含量分别为 a、b、c，且 $a+b+c=100\%$；磨矿介质由对应于不同粒径级别 A、B、C 的三种尺寸的钢球混合而成，对应于物料 A 的钢球直径、个数、质量分别为 d_1、N_1、q_1，对应于物料 B 的分别为 d_2、N_2、q_2，对应于物料 C 的分别为 d_3、N_3、q_3，$d_1>d_2>d_3$，ρ 为钢球密度。根据已确定的数值 $d_1=10mm$、$d_2=8mm$、$d_3=4mm$ 及粒径分布，可设 $a=20\%$，$b=45\%$，$c=35\%$。经计算可得，$N_1:N_2=256:1125$，$N_2:N_3=9:56$，$N_1:N_2:N_3$ 约为 $1:4:25$。计算各粒径球的质量比约为 $5:12:15$[20]。

C　正交实验

根据设备实际情况，考虑四个有关的因子：球级配、加球质量、球料比、粉磨时间。并根据球磨的实际情况及上述数据，确定它们的变化范围[21]：

A—球级配　　　$4:14:14\sim6:10:16$

B—加球量/g　　$3500\sim4500$

C—球料比　　　$4:1\sim6:1$

D—粉磨时间/h　$1\sim3$

为了很好地反映变化范围中间部分的影响，可以把变化范围的中间也取一个水平，进行三次水平正交实验，见表 3-2。

表 3-2　因子和水平

因　子	水　平		
	1	2	3
A	$4:14:14$	$5:12:15$	$6:10:16$
B	3500g	4000g	4500g
C	$4:1$	$5:1$	$6:1$
D	1h	2h	3h

根据上述条件，选用三水平四因子正交表 $L_9(3^4)$ 来安排实验方案，其实验表见表 3-3。

表 3-3　球磨正交表设计

实验号	A	B	C	D
1	1	1	1	1
2	1	2	2	2
3	1	3	3	3
4	2	1	2	3
5	2	2	3	1

续表 3-3

实验号	A	B	C	D
6	2	3	1	2
7	3	1	3	2
8	3	2	1	3
9	3	3	2	1

纵观表 3-3，表中数字"1""2""3"出现得很有规律。第一，每列中它们出现的个数是相等的；第二，任何两列处于同一横行的数字组成的九种数字对"1、1""1、2""1、3""2、1""2、2""2、3""3、1""3、2""3、3"具有均衡搭配的性质。因此，该九组实验具有一定的代表性。

把上表中填了因子的各列数字"1""2"和"3"分别看作是所填因子在各实验中的水平，根据正交表，所要做的九个实验为：

（1）$A_1B_1C_1D_1$；（2）$A_1B_2C_2D_2$；（3）$A_1B_3C_3D_3$；（4）$A_2B_1C_2D_3$；（5）$A_2B_2C_3D_1$；（6）$A_2B_3C_1D_2$；（7）$A_3B_1C_3D_2$；（8）$A_3B_2C_1D_3$；（9）$A_3B_3C_2D_1$。

具体实验条件如下：

（1）$A_1B_1C_1D_1$。级配为 4∶14∶14，加入球重为 3500g，根据计算可得 10mm 球的重量为 438g，8mm 球的重量为 1531g，4mm 球的重量为 1531g。球料比为 4∶1，可得入磨物料为 875g。研磨时间为 1h。

（2）$A_1B_2C_2D_2$。级配为 4∶14∶14，加入球重为 4000g，根据计算可得 10mm 球的重量为 500g，8mm 球的重量为 1750g，4mm 球的重量为 1750g。球料比为 5∶1，可得入磨物料为 800g。研磨时间为 2h。

（3）$A_1B_3C_3D_3$。级配为 4∶14∶14，加入球重为 4500g，根据计算可得 10mm 球的重量为 563g，8mm 球的重量为 1969g，4mm 球的重量为 1968g。球料比为 6∶1，可得入磨物料为 750g。研磨时间为 3h。

（4）$A_2B_1C_2D_3$。级配为 5∶12∶15，加入球重为 3500g，根据计算可得 10mm 球的重量为 547g，8mm 球的重量为 1313g，4mm 球的重量为 1640g。球料比为 5∶1，可得入磨物料为 700g。研磨时间为 3h。

（5）$A_2B_2C_3D_1$。级配为 5∶12∶15，加入球重为 4000g，根据计算可得 10mm 球的重量为 625g，8mm 球的重量为 1500g，4mm 球的重量为 1875g。球料比为 6∶1，可得入磨物料为 667g。研磨时间为 1h。

（6）$A_2B_3C_1D_2$。级配为 5∶12∶15，加入球重为 4500g，根据计算可得 10mm 球的重量为 703g，8mm 球的重量为 1688g，4mm 球的重量为 2109g。球料比为 4∶1，可得入磨物料为 1125g。研磨时间为 2h。

（7）$A_3B_1C_3D_2$。级配为 6∶10∶16，加入球重为 3500g，根据计算可得 10mm 球的重量为 656g，8mm 球的重量为 1094g，4mm 球的重量为 1750g。球料比为

6∶1，可得入磨物料为 583g。研磨时间为 2h。

（8）$A_3B_2C_1D_3$。级配为 6∶10∶16，加入球重为 4000g，根据计算可得 10mm 球的重量为 750g，8mm 球的重量为 1250g，4mm 球的重量为 2000g。球料比为 4∶1，可得入磨物料 1000g。研磨时间为 3h。

（9）$A_3B_3C_2D_1$。级配为 6∶10∶16，加入球重为 4500g，根据计算可得 10mm 球的重量为 844g，8mm 球的重量为 1406g，4mm 球的重量为 2250g。球料比为 5∶1，可得入磨物料为 900g，研磨时间为 1h。

出磨后物料的粒径经激光粒度仪分析见图 3-11。由图 3-11 可知，尾矿超细加工后的粒度分布极不均匀，粒径较大，最大粒径超过 70μm，呈现出两个峰，这说明尾矿的易磨性差，粉磨时对于已经磨得较细（粒度处于 0~12μm）的物料，改变粉磨参数时，粉磨效果不好，而对于较粗（12~60μm）的物料，改变粉磨参数时，能起到磨细的作用。这主要由尾矿粉体中矿物的多样性、矿物的易磨性等原因引起的。对于粉磨后 d_{10}、d_{25}、d_{50}、d_{75} 和 d_{90}，以及不同粉磨工艺条件下的密度如表 3-4 所示。

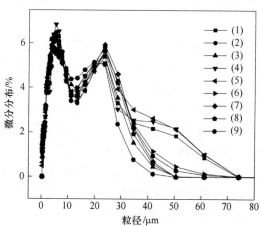

图 3-11   尾矿超细加工后粒径微分分布

表 3-4   球磨后 d_{10}、d_{25}、d_{50}、d_{75}、d_{90}、密度等粉体参数的变化情况

项目	样品编号								
	1	2	3	4	5	6	7	8	9
$d_{10}/\mu m$	0.48	0.50	0.49	0.56	0.78	0.61	0.52	0.45	0.48
$d_{25}/\mu m$	1.73	1.60	1.56	1.79	2.00	1.70	1.56	1.47	1.56
$d_{50}/\mu m$	4.77	4.02	3.97	4.89	4.97	4.29	4.11	3.96	4.11
$d_{75}/\mu m$	13.06	9.59	10.01	13.33	14.59	11.86	11.30	10.71	10.73
$d_{90}/\mu m$	23.84	18.07	19.94	24.97	26.77	22.26	21.60	20.91	21.69
密度/g·cm⁻³	2.71	2.87	2.73	2.83	2.82	2.83	2.79	2.73	2.77

由表3-4可知,在不同球磨情况下,密度变化小,其最大值与最小值差的绝对值为0.12g/cm³,d_{10},d_{25},d_{50}和d_{75}的变化也较小,其最大值与最小值差的绝对值分别为0.3μm、0.53μm、0.93μm、3.05μm,很难用作正交实验中粉磨效果的评判标准。尾矿粉体用作橡塑填料时,对尾矿粉体的大粒径有一定要求,即尾矿粉体的整体粒径范围应较小。而在表3-4中,d_{90}的变化幅度最大,其最大值与最小值的绝对值达到6.9μm,而且d_{90}表示大部分尾矿粉体粒群细度,故以粒径d_{90}(质量累积百分比达到90%时的最大粒径)作为粉磨效果的评判标准。将上述d_{90}的数据用于正交表计算,可得表3-5。

表3-5 正交计算表

实验号	A	B	C	D	备注
1	1	1	1	1	
2	1	2	2	2	Ⅰ、Ⅱ、Ⅲ 分别表示1、2、3水平d_{90}的和,Ⅰ/3、Ⅱ/3、Ⅲ/3 表示Ⅰ、Ⅱ、Ⅲ因子的平均值,T 表示总和
3	1	3	3	3	
4	2	1	2	3	
5	2	2	3	1	
6	2	3	1	2	
7	3	1	3	2	
8	3	2	1	3	
9	3	3	2	1	
Ⅰ	61.85	70.41	67.01	72.30	
Ⅱ	74.00	65.75	64.73	61.93	
Ⅲ	64.20	63.89	68.31	65.82	$T=200.05$ $\mu=T/9=22.23$
Ⅰ/3	20.62	23.47	22.34	24.10	
Ⅱ/3	24.67	21.92	21.58	20.64	
Ⅲ/3	21.40	21.30	22.77	21.94	

由于上述实验是用正交表安排的实验,具有均衡搭配的性质,可用综合比较的方法分析实验数据。根据表中数据计算|Ⅰ/3-Ⅱ/3|、|Ⅲ/3-Ⅱ/3|、|Ⅲ/3-Ⅰ/3|(不同水平平均值差的绝对值)。结果显示,对A、D因子来讲,其对比绝对值较大,说明A、D是对产率起较大影响的因子,因子B次之,因子C的对比绝对值最小,故它对产率的影响最小。经过综合比较,分析出每个因子对指标影响的大小,区分出主要因子和次要因子,为寻找最好的加工条件提供依据。对于影响大的因子,要选它的好水平,以达到较好的效果。影响较小的因子,它们的水平如何选取对实验的结果不会产生太大的影响。由上表可以得到,

对于主要因子 A，第一水平最好；对于因子 D，第二水平最好；对于因子 B，第三水平最好；对因子 C 来说，其对生产的影响较小，可随便选取，但考虑到效率，可以选取第三水平。因此，最好的生产条件为 $A_1B_3C_3D_2$。

3.2.2.3　湿法超细加工

A　球磨时间对粉体粒度的影响

湿法球磨的工艺参数为：研磨体采用氧化铝球，单级球磨，球径为 4mm 左右，球料比为 5∶1，矿浆浓度 50%。在不同球磨时间下，将粉磨后的浆料压滤、烘干、粉碎，得到粉体粒度及 d_{10}、d_{25}、d_{50}、d_{75}、d_{90} 值如图 3-12 及图 3-13 所示。

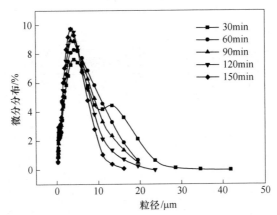

图 3-12　磨矿时间对超细尾矿粒度的影响

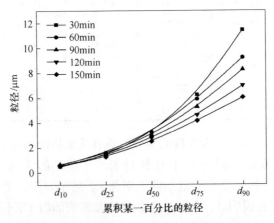

图 3-13　磨矿时间对 d_{10}、d_{25}、d_{50}、d_{75}、d_{90} 的影响

对比干法球磨可以看出，磨矿时间越长，尾矿粉体粒度越小，且分布范围越窄。磨矿时间由 30min 到 90min 时，尾矿粉的粒度减小较快，90min 后，尾矿粉

的粒度减小较慢，减小不明显。由于时间越长能耗越多，因此综合考虑，不加任何助磨剂，磨矿浓度不变的情况下，磨矿时间 2.5h 为宜。此时，尾矿粉体粒径分布较窄，$d_{50}<5\mu m$、$d_{90}<7\mu m$。粒度分布范围在 $0\sim17\mu m$，大大降低了出磨后物料粒度，为表面改性创造了有利条件。

B 矿浆浓度对粉体粒度的影响

湿法粉磨时，矿浆浓度对粉磨后的粉体的粒度及效率将产生较大的影响。根据上述实验，在不加助磨剂的前提下，磨矿时间为 150min，球料比为 5∶1，矿浆浓度为 30%、40%、50%、60%、70% 时粉体粒径变化及 d_{10}、d_{25}、d_{50}、d_{75}、d_{90} 值如图 3-14 和图 3-15 所示。

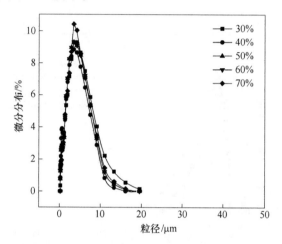

图 3-14 矿浆浓度对尾矿粉体粒度分布的影响

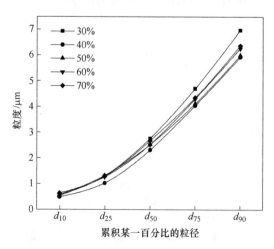

图 3-15 矿浆浓度对尾矿粉体 d_{10}、d_{25}、d_{50}、d_{75}、d_{90} 的影响

　　由图 3-14 和图 3-15 可知，矿浆浓度对磨矿细度影响较大，从图中可以看出，当矿浆浓度为 40% 时，粉磨效果最佳。显然，矿浆浓度太高时，黏度大，物料流动性差，物料在磨机中得不到很好的分散，研磨体在料浆中冲击力下降；矿浆浓度太低时，研磨体与物料得不到充分接触，研磨体的研磨作用得不到充分释放，研磨效率达不到最高。

C　球料比对粉体粒度的影响

　　在湿法加工中，不同球料比对粉体的粒度也有很大的影响，结合上述已做实验，在粉磨时间为 150min，矿浆浓度为 40%，分别对球料比为 4∶1、5∶1、6∶1 进行粉磨后，其粒度变化及 d_{10}、d_{25}、d_{50}、d_{75}、d_{90} 值如图 3-16 和图 3-17 所示。

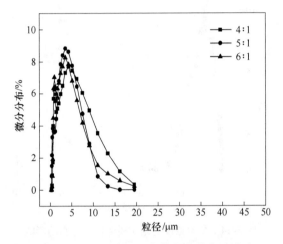

图 3-16　球料比对尾矿粉体粒度分布的影响

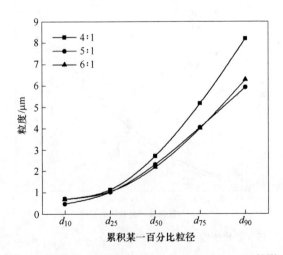

图 3-17　球料比对尾矿粉体 d_{10}、d_{25}、d_{50}、d_{75}、d_{90} 的影响

由图可知，在不同的球料比下，粒度分布截然不同。球料比太高，研磨介质与物料的接触面太少，粉磨效率低（如球料比为6∶1时）；球料比太低时，研磨体的研磨作用减弱（如球料比为4∶1时）。图3-17中，当球料比为5∶1时，其粉磨效率最好。

3.2.3　超细尾矿粉体的表面改性

塑料制品中的PVC及助剂均为疏水性物质，要使尾矿粉体在有机聚合物体系中有良好的相容性、润湿性和分散性，需要对尾矿粉体进行表面改性，即用物理、化学、机械等方法对粉体材料表面进行处理，改变粉体材料表面的物理化学性质。尾矿粉体的表面经过改性后，其表面官能团与改性剂分子的亲水基结合，表面由亲水性转变为疏水性，此时它的吸附、润湿、分散等一系列性质都会发生显著改变，与有机聚合物的相容性好，可以增加在聚合物体系中的用量，且在聚合物为基体的复合材料中，无机物和有机物的界面结合良好，其结合力、结合强度以及复合材料的力学性质和物理功能都将得到显著的增强[22]。

目前橡塑填料市场上，凡是具有优良性能、具有充分竞争力的粉体产品都预先经过表面改性。因此，无机粉体的表面改性不仅具有学术意义，更有重要的实用价值。常用的表面改性工艺有两类：一是将干燥的粉体置于温度可调的干法改性机内，高速搅拌，通过特殊的雾化装置加入表面改性剂混合液，粉体与改性剂进行气固相反应（干法改性）；二是将粉体与溶于溶剂的改性剂溶液充分混合后加热回流，使改性剂与粉体表面在液相中反应（湿法改性）[23]。

3.2.3.1　高岭土及一水硬铝石的表面荷电性

A　高岭土的表面荷电性

矿物的荷电性一般体现在水溶液中，当矿物与水接触时，相界面发生荷电离子的转移，从而引起矿物表面荷电性，这是一种与水的偶极分子作用密切相关的现象。在水中，矿物表面荷电的主要原因有以下几种：

（1）矿物表面和水对正负离子的亲和力不同，从而导致矿物表面对溶液中正负离子的不等量吸附，或者矿物晶体表面离子的选择性溶解；

（2）矿物表面组分的选择性解离；

（3）矿物的晶格缺陷，包括矿物晶格非等电量类质同象替换、间隙原子、空位等引起的表面荷电。

高岭土的晶体结构如图3-8所示，其表面主要官能团为羟基，表面荷电机理是通过表面组分的选择性解离而带电，其定位离子为 H^+ 和 OH^-，其主要反应如下：

$$\begin{array}{ccccc}
\overset{\displaystyle |}{-Si}-OH_2^+ & & -\overset{\displaystyle |}{Si}-OH & & -\overset{\displaystyle |}{Si}-O- \\
| & & | & & | \\
O & \underset{}{\overset{2H^+}{\rightleftharpoons}} & O & \underset{}{\overset{2OH^-}{\rightleftharpoons}} & O \\
| & & | & & | \\
-\overset{}{Al}-OH_2^+ & & -Al-OH & & -Al-O- \\
|
\end{array}$$

由反应式可知，其表面电性受溶液中 pH 值影响。显然，在酸性环境中，其表面带正电；中性或弱酸性介质中，其表面不带电；在碱性环境中，其表面带负电[24]。

B　一水硬铝石的表面荷电性

一水硬铝石的晶体结构如图 3-7 所示，表面主要官能团为羟基。表面电性主要是通过表面组分的选择性电离而带电，即矿物表面因为水的作用而形成羟基化表面。在不同的 pH 值下，羟基化表面向水溶液中选择性地解离 H^+ 或 OH^-，表现出不同的表面荷电情况，其反应过程如下[25]：

$$-Al-O^- \xrightarrow{H_2O} -Al \Big\langle \begin{array}{l} OH \\ OH \end{array} \quad \begin{array}{l} \xrightarrow{2H^+} -Al\Big\langle \begin{array}{l} OH_2^+ \\ OH_2^+ \end{array} \\ \xrightarrow{2OH^-} -Al\Big\langle \begin{array}{l} O^- \\ O^- \end{array} \end{array}$$

3.2.3.2　尾矿粉体表面的荷电性

测定尾矿粉体水溶液在不同 pH 值时的 Zeta 电位，其结果如图 3-18 所示。由图上曲线可以看出，尾矿粉体表面荷电性质呈负性，随着 pH 值的增大，其负性越来越大，由一水硬铝石和高岭石的晶体结构及表面荷电性质得知，尾矿粉体中矿物相在 pH 值较大时，负性大，且不易团聚。

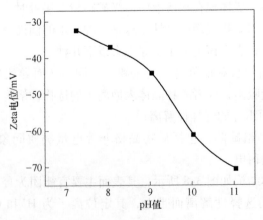

图 3-18　尾矿粉体在不同 pH 值下的 Zeta 电位

3.2.3.3 表面改性剂的选择及改性原理

A 表面改性剂的选择

表面改性剂品种的选择，主要考虑粉体原料的性质、产品的用途、应用领域以及工艺、价格和环保等因素。粉体原料的性质主要包括粒径大小、比表面积、表面形状等物理特性，以及酸碱性、表面结构、表面官能团、吸附性等化学特性。在应用中尽可能选择能与粉体颗粒表面发生化学键合的表面改性剂，因为物理吸附在后续加工过程中的强烈搅拌或挤压作用下容易脱附，从而影响尾矿粉体在聚合物中的相容性、润湿性及分散性。

尾矿在经过超细加工后，粒径较小，d_{90} 小于 $10\mu m$，颗粒呈类球状，在物理性能上基本符合聚合物填料要求。尾矿中主要矿物的表面官能团为活性较高的羟基，在碱性条件下表面带着很强的负电性，可以选用阳离子表面活性剂。由于尾矿粉体改性后的主要用途是作为橡塑高聚合物的填料，为保证橡塑制品的性能，应尽量使表面活性剂与尾矿粉体表面能进行化学键合，而不是物理吸附。目前，在无机粉体改性领域，常用的活性剂为偶联剂。偶联剂和表面活性剂在分子结构和应用性能方面有些相似，二者都是由亲水和疏水两种基团组成，但也有差别。表面活性剂通过分子中亲水基团定向吸附在无机粉体表面形成单分子层，活性基的疏水基提高无机粉体填料在基料中的分散性、润湿性、相容性，这是一种物理吸附现象，在应用中存在一些不利因素，表面活性剂的迁移现象会影响光泽、外观和附着力。而偶联剂中的水解性基团水解成醇类物质，再脱水缩合成多聚体硅醇，与矿物表面的羟基反应形成氢键，牢固地枝接在矿物表面。其疏水基团与高分子基料进行交联，把两种不同性质的物质结合起来，从结合强度，提高颜料、填料在基料中的分散程度以及降低界面自由能的幅度，偶联剂都大大胜过表面活性剂[26,27]。

利用 KH、NDZ、硅油及季铵盐四种表面改性剂来对粉体进行表面改性。由于尾矿粉体的矿物相复杂，存在一水硬铝石、高岭石、二氧化硅等多种矿物，且不同的矿物对不同的改性剂吸附能力不同，故单一改性剂很难达到较佳的改性效果，需要多种改性剂搭配使用。但这要求混合改性时，改性剂两两不能发生化学反应，否则会影响改性效果。KH、NDZ、硅油三者不能两两反应，且不能互溶，这为以后的多种改性剂组合改性提供了有利条件。

B 表面改性剂的作用原理

偶联剂是目前开发的一种比较成熟的表面改性剂，其分子结构通式为：

$$(RO)_x—M—A$$

式中　RO——易于水解或发生交换反应的短链烷氧基；

　　　M——中心原子，如硅、钛、铝等；

A——与中心原子结合稳定的亲有机基团。

该偶联剂最大特点是分子中含有化学性质不同的两种极性基团：一种是亲水基团，易与无机物的表面活性官能团起化学反应；另一种是疏水基团，能与合成树脂或其他聚合物的疏水性基团发生化学反应或生成氢键溶于其中，起着"分子桥"的作用，可以改善无机物与有机物之间的相容性，从而大大改善聚合物中助剂之间的界面结合程度。

KH 是一种有机硅化合物，具有两种不同的反应基团。通常用 Y—R—Si—X_3 表示，其中，R 为烷基或芳基；X_3 为甲氧基、乙氧基、氯等；Y 为有机反应基（乙烯基、环氧基、氨基、巯基等）。X_3 所表示的亲水性基团能与无机粉体表面结合，Y 所表示的疏水基团能与高分子有机物化学结合。KH 多为无色透明液体，一般而言，合成的 KH 纯度较高（≥98%），其折光率（n_D^{25}）处于 1.419~0.942 之间，其沸点一般高达 200℃ 以上。近年来，相对分子质量较大和具有特种官能团的硅烷偶联剂发展很快，如辛烯基、十二烷基，还有含过氧基、脲基、羰烷氧基和阳离子烃基硅烷偶联剂等，常用来偶联有机高分子和无机填料，增强其黏结性，提高产品的机械、电气、耐水、抗老化等性能。硅烷偶联剂的作用机理主要分为四步：（1）水解；（2）缩合；（3）吸附；（4）脱水[28]。一般认为，在界面上硅烷偶联剂的硅与基材表面只有一个键合，剩下两个 Si—OH，或者与其他硅烷中的 Si—OH 缩合，或者在介质中呈游离状态[29]。上述四步如下所示：

（1）水解：

$$\underset{\underset{OC_2H_5}{|}}{\overset{\overset{(CH_2)_3NH_2}{|}}{C_2H_5O-Si-OC_2H_5}}+3H_2O \longrightarrow \underset{\underset{OH}{|}}{\overset{\overset{(CH_2)_3NH_2}{|}}{HO-Si-OH}}+3C_2H_5OH$$

（2）缩合：

（3）吸附：

$$
\begin{array}{ccc}
(CH_2)_3NH_2 & (CH_2)_3NH_2 & (CH_2)_3NH_2 \\
| & | & | \\
HO-Si-OH & HO-Si-OH & HO-Si-OH \\
| & | & | \\
O & O & O \\
H\diagdown\diagup H & H\diagdown\diagup H & H\diagdown\diagup H \\
O & O & O
\end{array}
\quad\longrightarrow
$$

粉体

$$
\begin{array}{ccc}
(CH_2)_3NH_2 & (CH_2)_3NH_2 & (CH_2)_3NH_2 \\
| & | & | \\
HO-Si-OH & HO-Si-OH & HO-Si-OH \\
| & | & | \\
O & O & O
\end{array}
\quad +3H_2O
$$

粉体

（4）脱水：

$$
\begin{array}{ccc}
(CH_2)_3NH_2 & (CH_2)_3NH_2 & (CH_2)_3NH_2 \\
| & | & | \\
HO-Si-OH & HO-Si-OH & HO-Si-OH \\
| & | & | \\
O & O & O
\end{array}
\quad\longrightarrow
$$

粉体

$$
\begin{array}{ccc}
(CH_2)_3NH_2 & (CH_2)_3NH_2 & (CH_2)_3NH_2 \\
| & | & | \\
HO-Si-O-O-Si-O-O-Si-OH & & \\
| & | & | \\
O & O & O
\end{array}
\quad +2H_2O
$$

粉体

硅烷偶联剂的用量与其种类和填料表面积有关，即硅烷偶联剂用量（g）=［填料用量(g)×填料表面积(m²/g)］/硅烷最小包覆面积（m²/g）。如果填料表面积不明确，则硅烷偶联剂的加入量可确定为填料量的1%左右。

钛酸酯偶联剂多为淡黄色至琥珀色黏稠液体，20℃时密度处于1.030~1.095 g/cm³之间，分解温度在200℃以上，可溶于异丙醇、二甲苯、苯、矿物油，NDZ具有单独与质子作用的能力，能与增塑剂慢慢反应，不易水解，属无毒无腐蚀液体。钛酸酯偶联剂按其化学结构可分为四类：单烷氧基脂肪酸型、磷酸酯型、螯合型和配位体型。钛酸酯偶联剂的分子结构通式为：

$$(RO)_M-Ti-(OX-R'-Y)_N$$

其中，$1 \leqslant M \leqslant 4$，$M+N \leqslant 6$；R′为长碳链烷烃基；X为C、N、P等元素；Y

为羟基、氨基、双键等基团。

功能区一，$(RO)_M$ 为亲水基团，可与无机填料表面的羟基发生化学吸附或反应，形成单分子层。

功能区二，Ti—O…为疏水基团，能够与有机高分子的酯基、羟基进行酯基转移和交联，改善无机粉体在聚合物中的相容性。

功能区三，X—为联结钛中心的基团，包括羧基、磷酸基、焦磷酸基等，这些基团决定钛酸酯偶联剂的特性与功能。

功能区四，R′为长碳链的纠缠基团，这种基团的作用在填充改性的 PVC 等热塑性塑料中时，可以提高冲击强度、断裂伸长率、增加填充量等，并使熔体体系黏度下降，易于成型加工。

功能区五，Y 为固化反应基团，主要功能是使钛酸酯偶联剂与有机聚合物进行化学反应而交联。

功能区六，N 为非水解基团数，该基团数至少为两个，通过改变 N 值可以调节偶联剂与无机材料及聚合物的反应性，以满足不同复合体系的性能要求。

钛酸酯偶联剂与无机粉体的作用机理为：

$$\underset{OH}{\overset{OH}{HO-粉体-OH}} + \underset{OR'}{\overset{OR'}{RO-Ti-OR'}} \rightarrow \underset{O}{\overset{O}{R'O-Ti-O-粉体-O}} + ROH$$

NDZ 改性无机粉体填充 PVC 的作用过程为：

$$PVC树脂 + \underset{OR'}{\overset{OR'}{R'O-Ti-O-粉体-O}} \rightarrow \underset{O}{\overset{O}{R'O-Ti-O-粉体-O}} + ROH$$

NDZ 分子中具有的功能区，可以根据橡塑工业的需要设计出不同基团的钛酸酯偶联剂，使其成为特定的，或兼有多种功能的偶联剂，它在无机矿物界面发生氢键键合，形成有机单分子层，表面吸附牢固，能有效降低粉体表面能，使黏度大大降低，与聚合物的相容性好，能有效提高聚合物的物理性能。钛酸酯用量的计算公式为：钛酸酯用量 =［填料用量（g）×填料表面积（m^2/g）］/钛酸酯的最小包覆面积（m^2/g）。

3.2.3.4　尾矿粉体的表面改性

无机粉体的表面改性工艺主要有干法和湿法两种。干法改性的能耗低，工艺相对简单，且不必考虑改性剂水溶性的问题；湿法改性要考虑表面改性剂的水溶性，因为能溶于水有利于改性剂在湿法环境下与粉体颗粒充分地接触和反应。对于不能直接水溶而又必须在湿法环境下使用的表面改性剂，必须预先将其皂化、铵化、乳化或在有机溶剂中分散，使其能在水溶液中溶解或分散[30]。

A　实验方法

（1）干法改性。将干燥的尾矿粉体置于 GH-25 或 SGR-25A 改性机筒体内，加热至一定温度，将配制好的改性剂混合液（将偶联剂加入有机助剂中，并强力搅拌使偶联剂在有机助剂中充分分散）通过喷雾设备缓慢加入，再适当提高温度以加速固化过程中的脱水反应，提高转速使改性剂能更好的分散并与无机粉体作用，一段时间后停机卸料，冷却装袋，得到改性尾矿粉体。如有需要，可在改性后进行分级，以除去改性粉体中的大颗粒，改性工艺流程如图 3-19 所示。

（2）湿法改性。将尾矿粉体置于自制的高速搅拌改性机筒体内，加热至一定温度，加入碱性助剂调节尾矿粉体水溶液 pH 值至适当值，将配制好的改性剂混合液（将偶联剂加入有机助剂中，并强力搅拌、超声分散，使偶联剂在有机助剂中充分分散）通过加入装置缓慢加入至改性机内，再适当提高温度以加速改性过程中脱水反应，提高转速使改性剂能更好的分散并与粉体作用，一段时间后停机卸料，干燥、粉碎、冷却装袋，得到改性尾矿粉体。根据需要，可在改性后进行分级，以除去改性粉体中的大颗粒。改性工艺流程如图 3-19 所示。

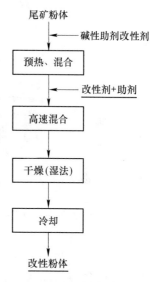

图 3-19　尾矿粉体的表面
改性工艺流程

B　性能检测及讨论

a　活化指数

尾矿经超细加工后的粉体因为表面的亲水性及自身重量，在水中自然沉降。经表面改性处理后，表面由亲水性变为疏水性，对水呈现出较强的非浸润性。当粉体颗粒较细时，由于其巨大的表面张力及疏水性使其如同油膜一样漂浮不沉。通常将一定量的改性粉体加入水中或有机物中充分搅拌后，溶液静止澄清时，漂浮物的重量与样品总量的比值，称为活化指数。其数学表达式为：

活化指数 H =样品中漂浮部分的重量/样品总重量

活化指数可表征粉体表面活化程度。H 由 0 变化到 1.0，粉体表面活化程度由小至大，改性效果由差变好。

称取已粉磨改性好的粉体 1g，置于烧杯中，加入水、搅拌、静置，如图 3-20 所示，待溶液澄清后，过滤取出水上漂浮物，干燥、称量，即可计算活化指数。

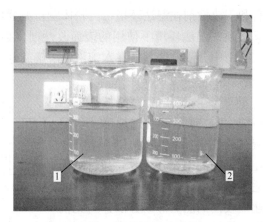

图 3-20   活化指数演示图
1—未改性的超细尾矿粉；2—改性的超细尾矿粉

干法改性的工艺流程是先将尾矿粉体置于高速混合改性机组（SGR-25A），转速 800r/min，加热至 80℃，加入碱性溶液助剂氨水 2%（控制尾矿粉体的水分含量小于 1%）。将配置好的表面活性剂混合液（活性剂与无水乙醇之比为 1∶1）通过喷雾设备缓慢喷入改性机内，升高温度至 100℃，提高转速至 1200r/min，恒温、保持 30min，卸料装袋。干法改性后尾矿粉体的活化指数与改性剂加入量之间的关系见图 3-21。

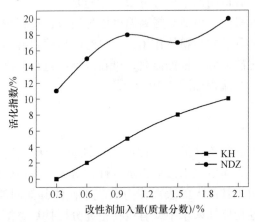

图 3-21   干法改性表面活性剂加入量对尾矿粉体活化指数的影响

从图 3-21 中可以看出，随着改性剂量的增加，其活化指数逐渐增大，显然 NDZ 的效果比 KH 好，当改性剂的加入量为 2% 时，其对应的活化指数分别为 10%、20%。增加改性剂的量，虽然能增大尾矿粉体的活化指数，但成本太大，不适合工业化生产，总体而言，改性后的活化指数不高，这主要由尾矿粉体矿物相的多样性引起，这里可采取多种改性药剂组合改性，使用 NDZ 和 KH 一起混合改性，两者加入的总量为尾矿粉体质量的 2%，两者不同比例时的活化指数如图3-22 所示。

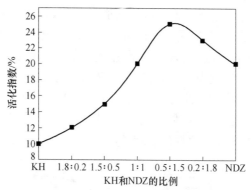

图 3-22　干法改性不同比例改性剂的加入量对尾矿粉体活化指数的影响

由图可知，混合改性能增加尾矿粉体的活化指数，当 KH：NDZ = 0.5：1.5时，活化指数达到最高值 25% 左右，仍达不到一个理想的值，分析其中的原因，主要是因为尾矿粉体矿物相的复杂性，矿物表面荷电性质在干法条件下不能很好的调节，以及改性剂在粉体内的分散效果不好，从而降低改性剂与尾矿粉体表面的接触机会。因此可选择湿法改性，它能有效的避免以上问题。

湿法改性的工艺流程是先将尾矿粉体置于自制的改性机筒体内，加入自来水，调节矿浆浓度为 50% 左右，开动搅拌杆，升温至一定温度，加入碱性助剂氨水，使尾矿粉体在水溶液中充分分散，并调节尾矿粉体中矿物相的表面电性，使其表面带负电，将已配置好的表面活性剂混合液通过注射器缓慢注入改性机内，提高温度和转速，保持 30min，卸料、烘干、粉碎，即得到改性好的粉体。

湿法改性时，改性剂加入量对尾矿粉体活化指数的影响如图 3-23 所示。

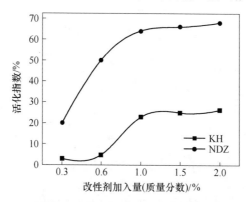

图 3-23　不同表面活性剂加入量对尾矿粉体活化指数的影响

在上述实验中，其尾矿粉体水溶液的 pH 值为 10 左右（误差一般为 ±0.2，下同），温度为 80℃，加入改性剂的量从 0.3% 至 2% 递增，从图中可以看出，经偶联剂处理后，活化指数随着改性剂加入量的增加而增加，当改性剂的加入量超过 1.5% 时，其活化指数趋于平衡，改性剂加入量为 2% 时，其活化指数达到最大值。结合改性成本及工业化应用，可选用 1.5% 作为最佳的改性剂加入量。

湿法改性时，矿浆溶液的 pH 值对活化指数的影响见图 3-24。图中每一种改性剂加入量为 1.5%，温度为 80℃，pH 值为 7~11。由图可知，经偶联剂处理后，活化指数随 pH 值的增加依次增大，当 pH 值为 10 时，其活化指数变化趋于平衡，pH 值为 11 时，经 NDZ 改性后粉体活化指数达到最大值 68。结合改性的成本，可选择 pH 值为 10 作为改性的合理条件。

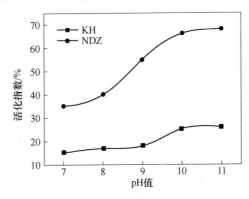

图 3-24　矿浆 pH 值对活化指数的影响

湿法改性时，温度是影响改性质量好坏的一个重要参数，图 3-25 为改性后粉体的活化指数随温度变化关系。实验条件：KH 和 NDZ 偶联剂加入量都为 1.5%、pH 值为 10、温度从 50℃ 增加到 90℃。显然，随着温度的增加，尾矿粉体改性后的活化指数逐渐增加，在温度区间 80~90℃ 时，其活化指数变化趋于平衡。

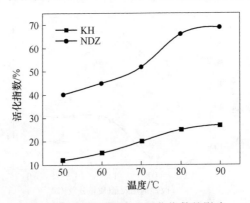

图 3-25　改性时温度对活化指数的影响

湿法改性中，选择多种表面活性剂来做对比实验，其结果如图 3-26 所示。实验条件：改性剂加入量都为 1.5%，pH 值为 10，温度为 80℃。由图可知，NDZ 的效果最好，KH 和硅油次之，季铵盐最差。

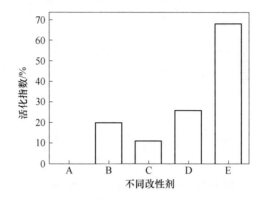

图 3-26 不同改性剂对活化指数的影响
A—无改性剂；B—甲基硅；C—季铵盐；D—KH；E—NDZ

湿法改性时，由于尾矿粉体矿物相的多样性，选择多种改性药剂的组合改性。由图 3-26 可知，钛酸酯偶联剂和硅烷偶联剂的改性效果较好，故选择这两种改性剂来组合改性，两者以不同比例加入时对活化指数的影响如图 3-27 所示。

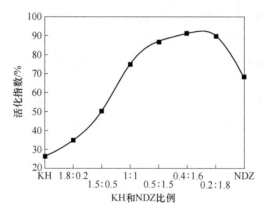

图 3-27 不同比例改性剂的加入量对尾矿粉体活化指数的影响

在上述实验中，改性剂加入总量为 2%，pH 值为 10，温度为 80℃，两种改性剂加入比例在 2∶0 至 0∶2 区间内变化，从图中可以看出，随着混合改性剂中 NDZ 量的增加，活化指数也逐渐增加，当 KH∶NDZ 为 0.4∶1.6 至 0.2∶1.8 范围时，活化指数最大值为 92%，NDZ 用量增大，其活化指数反而减小。

湿法改性中，尾矿粉体粒度对改性效果有影响，而在粉磨时加入了助磨剂，以降低出磨物料的粒度，但助磨剂的加入会影响尾矿粉体表面的荷电性质，从而影响粉体的表面改性，图 3-28 为加入不同助磨剂时，表面改性后的活化指数的变化。

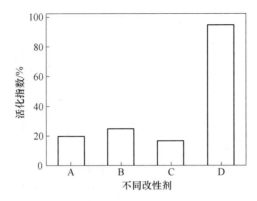

图 3-28　不同助磨剂对活化指数的影响
A—三乙醇铵；B—氯化铵；C—六偏磷酸钠；D—无助磨剂

上述实验条件为：加入改性剂的量为 1.5%，pH 值为 10，温度为 80℃，超细加工中助磨剂加入量为 0.3%。由图可知，助磨剂的加入严重影响到尾矿粉体的表面改性，主要原因是助磨剂吸附在粉体表面阻止了表面官能团与偶联剂的键合。

在上述湿法改性的实验中，可以确定湿法改性时最佳工艺条件，即温度为 80℃，pH 值为 10，选用 KH 和 NDZ 两种偶联剂对粉体进行复合改性，加入总量为 2%，其配比为 KH∶NDZ 为 0.2∶1.8 时，能获得性能较佳的改性尾矿粉体。

　　b　接触角

接触角是验证粉体疏水性的一个重要标志，间接反映了改性后粉体的亲油性。其方法是先将已改性并烘干后的尾矿粉体通过液压压片机制成圆形片状，再经润湿角测量仪测量。

（1）改性剂加入量对改性尾矿粉体接触角的影响

改性剂加入量对接触角的影响如表 3-6 所示，对于 KH 和 NDZ 两种改性剂，增大加入量时，其接触角逐渐增加，但增大程度不同，NDZ 的效果要比 KH 的效果好。当改性剂的加入量处于 1.5% 至 2.0% 区间时，其接触角变化趋于平衡，这说明此时改性剂与矿物表面的键合已达到饱和，增加表面活性剂加入量对粉体的活化效果影响不大。

（2）矿浆溶液的 pH 值对改性尾矿粉体接触角的影响

矿浆 pH 值对接触角的影响如表 3-7 所示，pH 值对粉体改性后的接触角影响较大。当 pH 值小于 10 时，其接触角较小；pH 值超过 10 时，接触角大幅增大，主要原因为 pH 值增大时，尾矿矿物相表面荷电性得到较大改善，与改性剂的键合能力增强；但当 pH 值大于 11 时，其接触角的变化趋于平稳。

表 3-6 改性剂不同用量对粉体接触角的影响

KH 加入量 /%	测试值/(°)			平均值 /(°)	NDZ 加入量 /%	测试值/(°)			平均值 /(°)
	测试 1	测试 2	测试 3			测试 1	测试 2	测试 3	
0.3	5	4	7	5.3	0.3	25	27	30	27.3
0.6	8	10	11	9.7	0.6	38	34	39	37.0
1.0	15	16	14	15.0	1.0	65	63	59	62.3
1.5	25	26	24	25.0	1.5	85	83	78	82.0
2.0	30	25	28	27.7	2.0	86	88	80	84.7

表 3-7 矿浆溶液 pH 值对改性粉体接触角的影响

pH 值 (KH)	测试值/(°)			平均值/(°)	pH 值 (NDZ)	测试值/(°)			平均值/(°)
	测试 1	测试 2	测试 3			测试 1	测试 2	测试 3	
7	12	10	11	11.0	7	55	54	48	52.3
8	14	12	13	13.0	8	62	59	54	58.3
9	18	20	17	18.3	9	72	71	76	73.0
10	25	26	24	25.0	10	85	83	78	82.0
11	27	30	26	27.7	11	89	87	87	87.7

注：pH 值的波动误差为±0.2。

（3）温度对改性尾矿粉体接触角的影响

温度对改性尾矿粉体接触角的影响如表 3-8 所示，随着温度的升高，改性粉体的接触角逐渐增大。主要原因是表面活性剂与尾矿矿物相表面官能团羟基相结合时需要脱水键合，故升高温度有利于改性剂与矿物相表面羟基的键合及脱水，但当温度达到 90℃时，其接触角变化程度不大，这是因为 90℃的水浴已基本满足偶联剂与矿物表面官能团羟基脱水缩合要求。

表 3-8 温度对改性尾矿粉体接触角的影响

温度/℃ (KH)	测试值/(°)			平均值/(°)	温度/℃ (NDZ)	测试值/(°)			平均值/(°)
	测试 1	测试 2	测试 3			测试 1	测试 2	测试 3	
50	12	10	13	11.7	50	47	52	56	51.7
60	14	11	15	13.3	60	51	53	59	54.3
70	19	17	20	18.7	70	64	70	73	69.0
80	25	26	24	25.0	80	85	83	78	82.0
90	28	25	30	27.7	90	91	88	82	87.0

（4）多种改性剂组合改性时对改性尾矿粉体接触角的影响

在该实验中，结合实际工业应用及成本问题，混合改性剂总的用量为 2%。KH 和 NDZ 偶联剂复合改性时对改性尾矿粉体接触角的影响如表 3-9 所示，随着 KH 和 NDZ 两者配比的变化，改性粉体的接触角也发生变化，先增大后减小。当 KH 和 NDZ 两者的配比为 0.2∶1.8 时达到最大值，这说明在尾矿粉体矿物中，不同矿物对改性剂具有选择性键合作用。

表 3-9　KH 和 NDZ 混合改性时改性尾矿粉体接触角的变化

KH∶NDZ	测试值/(°)			平均值/(°)
	测试 1	测试 2	测试 3	
KH	30	25	28	27.7
1.8∶0.2	55	57	61	57.7
1.5∶0.5	95	89	78	87.3
1∶1	117	120	119	118.7
0.4∶1.6	130	128	132	130.0
0.2∶1.8	129	132	138	133.0
NDZ	91	88	82	87.0

c　改性尾矿粉体的吸油量

由于尾矿粉体中主要矿物一水硬铝石和高岭石表面都含有亲水官能团羟基，表现出强烈的亲水性。经偶联剂处理后，由于改性剂的亲水基与之枝接，偶联剂的亲油基团使粉体表面呈现亲油性，即粉体表面与高分子聚合物的亲和性较好。粉体亲油性的直观实验如图 3-29 所示，将一定质量经偶联剂处理后的粉体倒入烧杯中，用力搅拌，静置 30min，其中烧杯中上层为煤油，下层为自来水。

图 3-29　改性后粉体亲油性演示图

由图 3-29 可知，尾矿改性粉体的亲油性好，在煤油中分散均匀，其粉体绝大部分都漂浮在煤油层，而在下部的自来水层，只有少许粉体。通过测量改性后尾矿粉体吸油量可直接反映粉体的亲油性。其测试方法是：将粉体放入某一带刮刀的容器中，在刮刀搅拌下，将油通过可计量的滴定装置滴入到盛有粉体的容器中，当粉料刚好黏结成球团时，记下所用的油量，即为该试样的浸润点，也就是粉料达到完全浸润时所耗浸润液的量，实际是粉料吸油率大小的表征。尾矿粉体由于表面存在亲水官能团，表现出强烈的亲水性，未改性时吸油量大；改性后，由于改性剂的亲水官能团与矿物表面官能团结合，使粉体表面疏水，吸油量减小。测试用的改性尾矿粉体与前面测活化指数和接触角的粉体一致。

（1）不同改性剂用量对改性尾矿粉体吸油量的影响

改性剂对尾矿粉体吸油量的影响见图 3-30，由图可知，随着 KH 加入量的增大，吸油量先是减小，在 KH 加入量为 1.5% 时，其吸油量达到最小值 17mL/100g，然后随着 KH 加入量的增大而增大。对于 NDZ，吸油量随着改性剂的增加而减小，在 NDZ 的加入量为 1.5% 时，其吸油量处于最低值 18mL/100g，后随 NDZ 量的增加，变化趋于稳定。

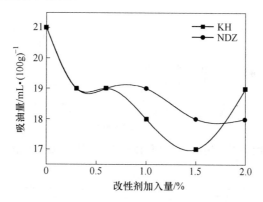

图 3-30 改性剂用量对吸油量的影响

（2）复合改性剂对改性尾矿粉体吸油量的影响

复合改性对尾矿粉体吸油量的影响见图 3-31，由图可知，KH 和 NDZ 偶联剂的混合改性能有效提高多种混合矿物的改性效果，随着 KH 和 NDZ 的比例变化，其吸油量也发生变化。当 KH：NDZ = 0.5：1.5 时，其吸油量为 14mL/100g，低于使用单一改性剂时的吸油量值。

d 改性后尾矿粉体的红外光谱分析

红外光谱是根据谱的吸收频率的位置和形状判定未知物，并按吸收的强度来测定其含量，从而了解无机粉体在改性后表面是否吸附了改性剂。尾矿未改性粉体及改性粉体的红外光谱如图 3-32 和图 3-33 所示。

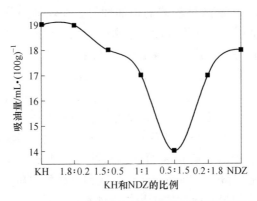

图 3-31　KH 和 NDZ 复合改性时改性尾矿粉体吸油量的变化

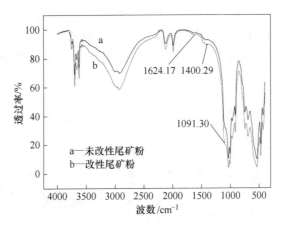

图 3-32　尾矿未改性粉体及改性粉体的红外光谱图

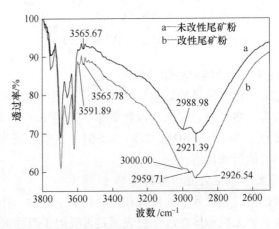

图 3-33　尾矿未改性粉体及改性粉体在高波数时的红外光谱图

图 3-32 中，1091cm^{-1} 附近存在一峰值，与 Si—O 伸缩振动峰值符合，在 1400~1800cm^{-1} 一些特征峰发生偏移及峰值增大。由于与氢、氧原子相连的化学键的红外振动波数频率小，它们均出现在 2500~3800cm^{-1}，如图 3-33 所示，可知在 2900~3100cm^{-1} 之间，改性粉体明显比未改性粉体多一个特征峰，那主要是 C—H 键伸缩振动吸收峰，在 3500~3700cm^{-1} 之间区域，个别特征峰发生偏移及峰值增大，这是 O—H 官能团与改性剂结合而使特征峰发生的变化，这表明了改性具有良好的效果。

e 改性后尾矿粉体的比表面积及 SEM 分析

改性后粉体的粒径、形貌如图 3-34 所示，尾矿粉体在改性后，由于表面活性剂改变粉体的表面极性，其团聚性得到缓解，颗粒分布较为均匀，其比表面积增大，经测定，比表面积由 10.9m^2/g 增加至 11.7m^2/g。

(a)   (b)

图 3-34 尾矿粉体改性前后的 SEM
(a) 未改性尾矿粉体；(b) 改性尾矿粉体

在前述的尾矿成分分析中，可知尾矿粉体主要由两种矿物组成，一水硬铝石和高岭石，由 SEM 的背景二次电子衍射，能看到两种不同颜色的矿物，如图 3-35 和图 3-36 所示。图 3-35 中 (a) 为改性粉体 2000 倍时的 SEM 图，(b) 为 (a) 所标区域的 20000 倍 SEM 图，(c) 为微区表面的元素质量分数和原子数分数，(d) 为指定微区域的 EDAX 能谱图。

由能谱图上的数据可知，白色矿物相表面中的 Al 含量与 Si 含量比值低，在其放大图中可看出其形貌为片状，由矿物相的晶体结构及表面元素比值可知为高岭石，再由图 3-35 (c) 中的数据可知，在其表面可测到碳、氮元素，而其表面的钛元素较小，可知表面吸附了 KH。同理，图 3-36 中，深色矿物相表面 Al 含量与 Si 含量比值高，这与一水硬铝石表面的 $w(Al)/w(Si)$ 比相似，可知为一水硬铝石，由图 3-36 (c) 中的数据可以看出，其 Ti 含量明显较图 3-35 高，可知一水硬铝表面吸附了 NDZ。显然，尾矿粉体中不同矿物对改性剂的吸

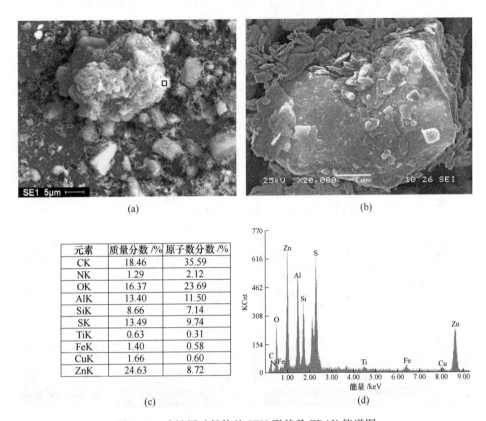

元素	质量分数 /%	原子数分数 /%
CK	18.46	35.59
NK	1.29	2.12
OK	16.37	23.69
AlK	13.40	11.50
SiK	8.66	7.14
SK	13.49	9.74
TiK	0.63	0.31
FeK	1.40	0.58
CuK	1.66	0.60
ZnK	24.63	8.72

(c)

(d)

图 3-35　改性尾矿粉体的 SEM 形貌及 EDAX 能谱图

附具有选择性，这主要由矿物粉体表面与偶联剂键合时的吉布斯自由能变化量决定。

元素	质量分数 /%	原子数分数 /%
CK	14.75	24.63
NK	0.00	0.00
OK	25.80	32.35
AlK	47.88	35.60
SiK	8.23	5.88
KK	1.10	0.56
CaK	0.59	0.30
TiK	1.64	0.69

(a)

(b)

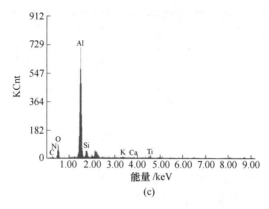

图 3-36 改性尾矿粉体的 SEM 及能谱图

（a）2000 倍的 SEM 图；（b）微区表面的元素质量分数和原子数分数；

（c）指定微区域的 EDAX 能谱图

3.3 超细改性尾矿粉作为塑料填料的应用

随着塑料工业的发展，非金属矿物填料在塑料工业中的应用越来越普遍，在塑料制品的配方中，通常把基体树脂作为 100 份，填料或其他助剂的添加重量计为用量份数（Phr）。不同塑料制品的性能要求是决定填料加入量的主要因素。非金属矿物粉末填充目的是降低原材料成本及改善塑料制品的某些物理性能及加工性能。目前，用于塑料制品的填料主要是碳酸钙，另外高岭土、滑石、硅灰石粉等也有不同程度的使用。但多种矿物的混合物作为一种填料还鲜有厂家使用。

3.3.1 塑料制品中聚合物的选型及主要助剂的作用

3.3.1.1 聚氯乙烯（PVC）

目前，在塑料制品中，所用树脂较多的主要是 PVC，它是通过一般的游离基型聚合反应而成的线型聚合物。该聚合物产量仅次于 PE，它具有优良的耐化学药品性、介电性、阻燃性及具有较高的强度等特点，通过加入不同的助剂，其性能变化多样。如添加适量的增塑剂，PVC 就可以变成具有弹性的软质 PVC，可制成软管、薄膜、人造革、电线电缆包皮等；而不加或少加增塑剂就成为硬质 PVC，其性质刚硬，有很好的强度，适合制成各种管材、板材和其他型材等。

按聚合工艺，PVC 可采用本体、溶液、乳液、悬浮等聚合方法制得。其中，悬浮法制得的 PVC 约占总产量的 90%，多为白色粉末，具有热塑性，密度 1.35～1.46g/cm³，不溶于水、汽油、酒精，常温下耐酸、耐碱、耐盐。悬浮法 PVC 树脂的型号按国家标准统称为 SG，PVC 树脂的分档、黏数与平均聚合度关系见表 3-10。

表 3-10   PVC 树脂的型号、黏数与平均聚合度的关系[31]

型　号	黏数/mL·g^{-1}	平均聚合度	型　号	黏数/mL·g^{-1}	平均聚合度
SG$_1$	156~144	—	SG$_5$	118~107	1100~1000
SG$_2$	143~136	—	SG$_6$	106~96	950~850
SG$_3$	135~127	1350~1250	SG$_7$	95~87	850~750
SG$_4$	126~119	1250~1150	SG$_8$	86~73	750~650

生产不同的 PVC 制品，其 PVC 树脂的型号也不同，主要考虑的是制品的性能和成型加工的可能性和便利性。在生产 PVC 型材、管材中，一方面要考虑该树脂应具有的物理力学性能，另一方面又要考虑加工的方便，一般选用 SG$_3$ 型或 SG$_4$ 型 PVC。

3.3.1.2　聚氯乙烯（PVC）制品中所用的助剂[32,33]

（1）增塑剂。增塑剂是在聚合物中能增加聚合物体系的塑性，改善加工性能，使制品变柔韧的物质。其主要作用是通过削弱聚合物分子的作用力，增加分子链的活动性而增加可塑性。目前常用的增塑剂主要有邻苯二甲酸酯类（如邻苯二甲酸二甲酯、邻苯二甲酸二辛酯等）、己二酸酯类（如己二酸二正丁酯、己二酸二异辛酯等）、磷酸酯类等。

（2）稳定剂。主要分为改善 PVC 及 PE 共聚物的热稳定性的热稳定剂及改善 PVC 及 PE 共聚物的光稳定性的光稳定剂两种。热稳定剂是由于 PVC 在加热至 120℃时，会发生脱氯化氢反应，温度升高到 160~200℃时会发生强烈的热降解，从而变色及力学性能变差，故需要加入热稳定剂来防止此类现象，按化学结构可分为盐基铅盐类、金属皂类、有机锡类、稀土类等。光稳定剂能有效防止 PVC 的光氧化或光氧化降解，其种类较多，有水杨酸酯类、有机配合物、苯并三唑类等，加入的无机填料也起着一定的光稳定剂作用。

（3）抗冲及加工改性剂。主要是改善塑料的冲击性能，可以将脆性塑料变为韧性塑料，将常温下应用的塑料变为低温下应用的塑料，并能有效的改善塑料的加工性能，它主要应用于硬质 PVC 中，目前常用的抗冲改性剂有 ABS 树脂、MBS 树脂、EVA 树脂、ACR 树脂等。

（4）填料。是一种在组成和结构上与树脂不相同的固体物质。加入填充剂的目的主要为降低塑料制品成本及改善塑料制品的某些物理、力学性能。塑料工业对填充剂性能的要求为：1）填料在树脂中的分散性、相容性、润湿性好，填充量大；2）不明显降低树脂的基本物理力学性能和加工性能，其塑料制品性能满足国家标准；3）填料具有耐热性、耐水性、耐化学腐蚀性及不容易被溶剂抽出；4）不影响其他助剂的功能和分散性，且不与其他助剂发生反应；5）对增塑剂的吸油量小；6）具有价格优势。

（5）在塑料制品中也用到一些其他助剂，如润滑剂、着色剂、抗静电剂等，根据制品的要求，在不同的配方中起着不同的作用。

改性后的尾矿粉体，在经过超细加工后，其粒径较小，$d_{90} \leqslant 10 \mu m$；比表面积大，达到 $10.90 m^2/g$，改性后比表面积增加至 $11.17 m^2/g$，且粉体呈类球状，活化指数达到 90% 以上；吸油量为 14mL/100g，远低于未改性前的 21mL/100g，且接触角为 133°。再者，由于尾矿粉体矿物相多为一水硬铝石及层状硅酸盐矿物，能达到混合矿物填充的协同效应，且其具有耐热性、耐水性、耐化学腐蚀性及不容易被溶剂抽出，较好满足上述填料要求，用作填料时具有一定的优势。

3.3.2 填充 PVC 复合材料的性能测试

3.3.2.1 相对密度测试

相对密度标准是在以 20℃ 水的相对密度为 1，测锤体积为 5mL，测试条件 (20±3)℃，介质为无水乙醇条件下测试，测试方法示意图如图 3-37 所示。

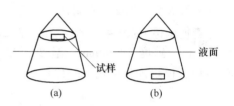

图 3-37 液体比重天平测试固体试样

测试时，在图 3-37（a）状态下调节螺母平衡，图 3-37（b）状态下加上砝码再次调平衡，将测试数据代入式 (3-8)。

$$\rho = \frac{\gamma_{液} G_0}{G - G_1} \tag{3-8}$$

式中 G_0——原料质量，g；

G——试样和金属丝在空气中的质量，g；

G_1——试样和金属丝在浸渍液中的质量，g。

3.3.2.2 硬度测试

洛氏硬度测试遵循国标 GB 9342—88，邵氏硬度测试遵循国标 GB 2411—1980，样品尺寸为国标尺寸。

3.3.2.3 冲击性能测试

根据简支梁测试国标 GB/T 1043—93 和悬臂梁冲击测试国标 GB/T 1843—1996，在温度 24℃、相对湿度 68% 以下，测定常温下的缺口冲击强度。计算公式如下：

$$a = \frac{1000 \times A}{b \times d} \tag{3-9}$$

式中 a——冲击强度，kJ/m^2；

A——冲击功耗，J；

b——试样宽度，mm；

d——试样厚度，mm。

3.3.2.4　拉伸性能测试

遵循国标 GB/T 1040—92 测试哑铃型试样的屈服强度和断裂伸长率，拉伸速度为 50mm/min，温度为（22±2）℃，相对湿度68%以下，计算公式如下：

$$\delta = \frac{F}{b \times d} \tag{3-10}$$

式中　δ——拉伸强度，MPa；

　　　　F——载荷力，N；

　　　　b——试样宽度，mm；

　　　　d——试样厚度，mm。

3.3.2.5　弯曲性能测试

遵循国标 GB 9341—88 测试弯曲试样的弯曲强度和弯曲模量，压缩速度为 5mm/min，跨度 $L = 40$mm，温度（22±2）℃，相对温度65%。强度公式见式（3-11），模量计算见式（3-12）。

$$\sigma_{\mathrm{f}} = \frac{3PL}{2bd^2} \tag{3-11}$$

式中　P——载荷力；

　　　　L——试样跨度，mm；

　　　　b——试样宽度，mm；

　　　　d——试样厚度，mm。

$$E_{\mathrm{f}} = \frac{PL^3}{4b\delta d^3} = \frac{YL^3}{4bd^3} \tag{3-12}$$

式中　P——屈服载荷，N；

　　　　L——试样跨度，mm；

　　　　δ——施加载荷时对应的变形，mm；

　　　　Y——载荷-挠度曲线上的变形距离，mm；

　　　　b——试样宽度，mm；

　　　　d——试样厚度，mm。

3.3.3　尾矿改性粉体作为填料在 PVC 中的应用

PVC 塑料制品有着比较成熟的配方设计和广阔的发展前景，在 PVC 行业生产中，各助剂的同步配套也发展迅速，在填料方面，非金属矿物粉体在 PVC 制品中的应用技术也逐步成熟，如碳酸钙、高岭土、滑石等无机粉体都得到了成功应用。通过物理化学方法，用尾矿制备改性粉体填料，将其作为 PVC 塑料填料。

3.3.3.1　改性尾矿粉体作为填料应用于软质 PVC 制品

软质 PVC 应用较为广泛，主要应用在电缆外套、密封条、板材等。

A 软质 PVC 干混料配方及造粒

软质 PVC 干混料配方及挤出造粒工艺参数分别如表 3-11 和表 3-12 所示，母粒形状如图 3-38 所示。

表 3-11 软质 PVC 干混料常规配方

类 型	成 分	用量/份
PVC 树脂	匀聚物 1300S	100
增塑剂	二辛酯	45~60
稳定剂	钙锌液体	2~5
改性剂	P83	40~50
润滑剂	市售硬脂酸、石蜡	0.5~1
填 料	尾矿改性粉体	20~40

表 3-12 挤出造粒的常规工艺参数

区域	后段区	第二段区	第三段区	第四段区	第五段区	模 头
温度/℃	125~135	140~145	145~150	150~160	140~145	145~150

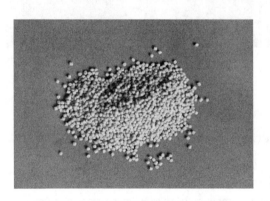

图 3-38 改性尾矿粉作填料的母粒形貌

选用最佳的改性尾矿粉体，共混 PVC 基料，同时加入二辛酯增加制品的可塑性，并使用 P83 协同改善 PVC 基料与其他助剂的相容性和加工性能。在整个造粒过程中，其工艺流程为：将 PVC 和稳定剂加入高速混合机组，加热至 80~85℃，加入增塑剂，升温至 90℃，加入填料、改性剂和色料，恒温 20min，加入润滑剂，升温至 110~115℃，保温 8~10min，放料至冷却机，至 40℃放料，再经过造粒机挤出造粒，其母粒成粒均匀，表面光滑，塑化效果较好。

B 母粒的成型

在 PVC 制品的成型中多为挤出成型，目前常用的是单、双螺杆挤出成型机。在挤出过程中，关键参数是温度和压力，温度能使物料的状态发生变化，即从固相转变为液相，是实现挤出成型的必要条件；螺杆槽容积的变化及其他阻力可以致使压力升高，使固相压实，有利于排气，同时也能改善热的传导，并有利于熔融，并能使制品形状达标及尺寸精确。在挤出成型过程中，其工艺过程主要包括原料的干燥、挤出成型、制品的定型与冷却、制品的牵引与卷取等。上述母粒成型的工艺参数如表 3-13 所示，成型后制品件如图 3-39 所示。

表 3-13　母粒的挤出成型参数

区域	后段区	第二段区	第三段区	第四段区	第五段区	模　头
温度/℃	130~135	145~155	145~155	150~160	145~155	145~150

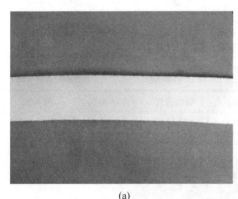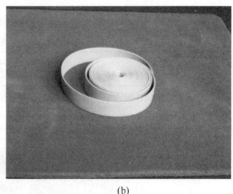

(a)　　　　　　　　　　　　　　　　(b)

图 3-39　加改性尾矿粉的软质 PVC 制品
(a) 软质 PVC 制品板；(b) 软质 PVC 制品带

由图 3-39 可以看出，软质 PVC 板表面不是很光滑，颜色呈咖啡色；软质 PVC 制品带表面光滑，柔韧性较好。

C　制品主要性能指标

软质 PVC 制品的主要性能指标如表 3-14 所示，制品的物理性能检测严格遵循国家标准，由表中数据可以看出，拉伸强度、断裂押长率相对于软质 PVC 来说较小，相对密度、邵氏硬度过大，主要原因是尾矿中一些矿物硬度太大，故不宜制作柔软性要求较高的软质 PVC 制品。

表 3-14　软质 PVC 制品主要性能指标

序　号	测试项目	单　位	测试结果	测试标准
1	外观	—	均匀、咖啡色	—
2	拉伸强度	MPa	10.2	GB/T 1040—1992
3	断裂伸长率	%	150	GB/T 1040—1992
4	相对密度	g/cm³	1.39	GB/T 1033—1986

序 号	测试项目	单 位	测试结果	测试标准
5	邵氏硬度	—	82	GB/T 2411—1980
6	撕裂强度	kN/mm	0.04	GB/T 529—1991
7	耐寒性（-26℃、6h）硬度值增值（邵A）	%	6	QB/T 1294
8	压缩复原率	%	52	QB/T 1294
9	气味	—	无味	QB/T 1294

D 制品撕裂断面 SEM

图 3-40 是每 100 份 PVC 树脂含尾矿改性粉体填料 40 份的软质 PVC 塑料制品断面不同倍数的 SEM，可以看出尾矿改性粉体在 PVC 中相容性、分散性、润湿性较差。SEM 显示，PVC 制品微观结构中存在很多气泡（空隙），粗颗粒填料与 PVC 基体界面接合差，填料的成核能力不强，填料存在团聚现象，严重影响软质 PVC 制品的性能。

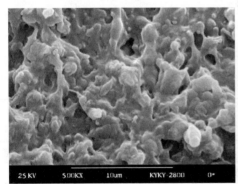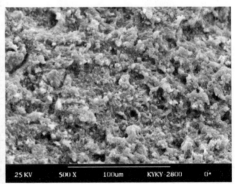

图 3-40 加改性尾矿粉的软质 PVC 制品截面 SEM 图

3.3.3.2 尾矿改性粉体作为填料应用于硬质 PVC 制品

A 硬质 PVC（冰箱门边框）制品干混料配方及造粒

硬质 PVC 的常规配方及挤出造粒工艺参数如表 3-15 和表 3-16 所示。

表 3-15 硬质 PVC 干混料的常规配方

成 分	类 型	用量/份
硬质 PVC 树脂	匀聚 S-1300S	100
增韧剂	CPE	2~10
稳定剂	铅盐稳定剂	2~5
抗冲改性剂	ACR、MBS	5~15
润滑剂	市售硬脂酸、石蜡	0.1~1
填 料	尾矿改性粉体	20~45

表 3-16　硬质 PVC 挤出造粒的常规工艺参数

区　域	后段区	第二段区	第三段区	第四段区	第五段区	模　头
温度/℃	125~135	135~145	145~150	150~160	145~155	150~160

目前市场上的硬质 PVC 制品中，常用的填料为碳酸钙，当尾矿改性粉体作为填料时，由于尾矿粉体物相的复杂性，可适当调整一些加工助剂的份量。经过多次实验，确定表 3-17 为尾矿粉作为填料时的实际配方，配方中，相比碳酸钙填料，增韧剂掺量较高，润滑剂添量加大。由于尾矿改性粉体的颗粒较硬，在挤出成型时，摩擦力大，故在成型时温度需求较高，选用表 3-18 作为成型时的温度工艺参数。

表 3-17　制备硬质 PVC 复合材料（冰箱门边框）的实际配方

成　分	类　型	用量/份
硬质 PVC 树脂	匀聚 1300S	100
增韧剂	CPE	5
稳定剂	铅盐稳定剂	3.8
抗冲改性剂	ACR、MBS	8
润滑剂	市售硬脂酸、石蜡	0.36
填　料	尾矿改性粉体	40

表 3-18　制备冰箱门边框的挤出造粒工艺参数

区　域	后段区	第二段区	第三段区	第四段区	第五段区	模　头
温度/℃	130	138	145	155	150	155

按照筛选出的表面改性最佳配比方案，制备用于填充硬质 PVC 的改性尾矿填料。同时加入 CPE 增加 PVC 制品的韧性，并使用 ACR 和 MBS 协同改善 PVC 基料与其他助剂之间的相容性和加工性能。在整个造粒过程中，其工艺流程为：将 PVC 加入高速混合机组，加热至 70℃，加入稳定剂，加热至 80℃，加入增韧剂，升温至 90℃，加入抗冲改性剂，升温至 95℃，再加入填充剂，升温至 110℃，加入润滑剂，等温度升至 120℃，放料至冷却机，至 40℃放料、造粒，其形貌如图 3-41 所示，其母粒成粒均匀，表面光滑，塑化效果较好。

图 3-41　尾矿粉作硬质 PVC 填料的母粒形貌

B 母粒的成型

母粒的常规成型参数如表 3-19 所示，
根据企业的实际情况和制品要求，选用表 3-20 所示参数为成型参数。

表 3-19 母粒挤出成型的常规工艺参数

区域	1 区	2 区	3 区	4 区	5 区	6 区	模头
温度/℃	145~155	165~175	170~180	170~180	170~180	160~170	175~185
电流/A	9.5	9.5	10	10	2	2	2
主机转速/r·s⁻¹	2.5~3.0	—	—	—	—	—	—
主机电源/A	5.6~5.9	—	—	—	—	—	—
牵引速度	无						

表 3-20 母粒挤出成型工艺参数

区域	1 区	2 区	3 区	4 区	5 区	6 区	模头
温度/℃	150	170	175	178	179	166	180
电流/A	9.5	9.5	10	10	2	2	2
主机转速/r·s⁻¹	2.5~3.0	—	—	—	—	—	—
主机电源/A	5.6~5.9	—	—	—	—	—	—
牵引速度	无						

成型后制品件形貌如图 3-42 所示。在该母料的熔融挤出成型中，不需要额外的附加措施，成型过程顺利，除成型温度稍高，其他与加入碳酸钙填料成型时工艺参数基本相似。由图可知，该制品侧面形状复杂，具有管材、板材的特点，颜色呈咖啡色，内、外表面光滑，满足塑料制品外观要求。

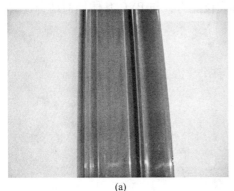
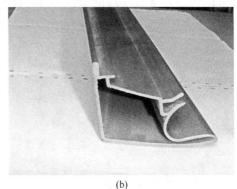

(a)   (b)

图 3-42 尾矿粉作填料的硬质 PVC 制品
(a) 硬质 PVC 制品侧面图；(b) 硬质 PVC 端面图

C　制品主要性能指标

由表 3-21 的性能检测报告可以看出，在尾矿填充量为塑料基数的 40 份时，拉伸强度为 33.8MPa、断裂伸长率为 17%、悬臂梁缺口冲击强度为 7.8kJ/m^2、弯曲强度 59.5MPa，超过企业提供的标准，性能基本符合要求，只有弯曲模量为 2592MPa，比企业内部指标（4150MPa）小，但企业内部的要求一般高于该冰箱生产企业的标准，故该塑料制品件能满足应用要求。

表 3-21　硬质 PVC 制品冰箱门边框主要性能指标

序号	测试项目	单位	测试结果	企业标准*	测试标准
1	拉伸强度	MPa	33.8	≥21	GB/T 1040—1992
2	断裂伸长率	%	17	≥8	GB 10654—89
3	弯曲强度	MPa	59.5	≥46	GB 9341—88
4	弯曲模量	MPa	2592	≥4150	GB 9341—88
5	悬臂梁缺口冲击强度	kJ/m^2	7.8	≥7.5	GB/T 1843—1996
6	洛氏硬度（HRR）		86	≥84	GB 9342—88
7	维卡软化点温度（负荷 10.0N）	℃	86.1	≥80	GB/T 1633—2000
8	密度	g/cm^2	1.48	1.35~1.6	GB/T 1033—1986

* 企业标准 QBG—BZ24。

D　制品断面 SEM 形貌

图 3-43 (a) 为纯 PVC 在 5000 倍时的 SEM 图，(b) 为每 100 份 PVC 树脂含尾矿改性粉体填料 40 份的硬质 PVC 塑料制品断面 SEM，可以看出尾矿改性粉体在 PVC 中相容性、分散性、润湿性较好，填料分散均匀，结构致密、空隙率低，PVC 结晶度及结晶形态好，填料具有成核能力，与 PVC 基体界面结合良好。

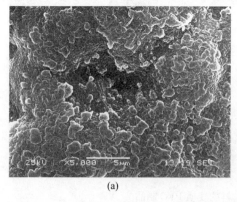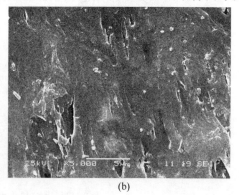

(a)　　　　　　　　　　　　　　　(b)

图 3-43　纯 PVC 和硬质 PVC 制品截面 SEM

(a) PVC；(b) 加改性尾矿粉的硬质 PVC 制品

3.3.4 铝土矿尾矿应用前景与效益分析

目前，在 PVC、PP 等塑料填料领域主要使用碳酸钙、高岭土等非金属矿物，每年用量达到 800 万吨。统计资料显示，塑料聚合物每年以 10% 以上的增长速度发展，故非金属矿物粉体的用量将会继续增加。尾矿成分复杂、化学性质稳定、热稳定好，有利于尾矿用作聚合物填料，随着改性技术的发展，尾矿用作填料的前景极为广阔。尾矿中矿物多为铝硅酸盐矿物，这些组分可对聚合物基体起到一定的增强效果，且其矿物表面存在有利于改性的官能团，通过表面改性后可以改变尾矿和聚合物基材之间的相容性、润湿性、分散性。

根据初步研究的结果进行估算，尾矿粉体加工成填料的成本在 600~700 元/t（不计尾矿的成本），而目前用于塑料制品的同类填料的价格在 800~1200 元/t，在价格上具有一定的竞争优势。另一方面，由于尾矿利用是实现循环经济的重要内容，国家有较大的扶持政策，如可享受国家的免税政策，值得推广并进一步评估尾矿制备塑料填料的可行性，为尾矿综合利用及铝工业的可持续发展提供技术保障。

参 考 文 献

[1] 李振兴，方莹. 机械力化学效应及在矿物粉体深加工中的应用 [J]. 中国非金属矿工业导刊，2005 (5)：25~28.

[2] Xu Z, Plitt V, Liu Q. Recent advances in reverse flotation of diasporic ores—A Chinese experience [J]. Minerals Engineering, 2004, 17 (9)：1007~1015.

[3] Laskou M, Economou-Eliopoulos M. The role of microorganisms on the mineralogical and geochemical characteristics of the Parnassos-Ghiona bauxite deposits, Greece [J]. Journal of Geochemical Exploration, 2007, 93 (2)：67~77.

[4] 杨重愚. 氧化铝生产工艺学 [M]. 北京：冶金工业出版社，1993.

[5] 张淑会，薛向欣，刘然，等. 尾矿综合利用现状及其展望 [J]. 矿冶工程，2005, 25 (3)：44~47.

[6] Sánchez-Marañón M, Soriano M, Miralles I, et al. Testing Color-Mixing Laws In Soil Mineral Mixtures [C] // Conference on Colour in Graphics. 2002 (4)：202~205.

[7] Xu Z, Hu Y H, Liu X W. Role of crystal structure in flotation separation of diaspore from kaolinite, pyrophyllite and illite [J]. Minerals Engineering, 2003, 16 (3)：219~227.

[8] Mathieu Digne, Philippe Sautet, Pascal Raybaud, et al. Structure and Stability of Aluminum Hydroxides：A Theoretical Study [J]. J. phys. chem. b, 2002, 106 (20)：5155~5162.

[9] 王高尚. 热液平衡计算数据手册 [M]. 北京：地质出版社, 1992.

[10] Kakali G, Perraki T, Tsivilis S, et al. Thermal treatment of kaolin: the effect of mineralogy on the pozzolanic activity [J]. Applied Clay Science, 2001, 20 (1): 73~80.

[11] Liu K C, Thomas G, Caballero A, et al. Time- Temperature- Transformation Curves for Kaolinite-α- Alumina [J]. Journal of the American Ceramic Society, 1994, 77 (6): 1545~1552.

[12] Aras A. The change of phase composition in kaolinite- and illite- rich clay- based ceramic bodies [J]. Applied Clay Science, 2004, 24 (3): 257~269.

[13] 陆佩文. 无机材料科学基础 [M]. 武汉：武汉工业大学出版社, 1996.

[14] 南京大学地质系. 结晶学与矿物学 [M]. 北京：地质出版社, 1978.

[15] Egli M, Mirabella A. Influence of steam sterilisation on soil chemical characteristics, trace metals and clay mineralogy [J]. Geoderma, 2006, 131 (1-2): 123~142.

[16] 张国祥, 李蹙峰, 黄开国. 一水硬铝石、高岭石黏土岩和褐铁矿粉碎性质的实验研究 [J]. 中南矿冶学院学报, 1982, 3: 75~82.

[17] Si Z, Little D N, Lytton R L. Effects of Inorganic and Polymer Filler on Tertiary Damage Development in Asphalt Mixtures [J]. Journal of Materials in Civil Engineering, 2002, 14 (2): 164~172.

[18] Jaroslaw Syzdek, Regina Borkowska, Kamil Perzyna, et al. Novel composite polymeric electrolytes with surface- modified inorganic fillers [J]. Journal of Power Sources, 2007, 173 (2): 712~720.

[19] 高翔, 廖立兵. 非金属矿物橡塑填料应用现状及发展趋势 [J]. 地质科技情报, 1999, 18 (1): 21~25.

[20] 马少健, 陈建新. 球磨机适宜磨矿介质配比的研究 [J]. 金属矿山, 2000 (11): 27~31.

[21] 金良超. 正交设计与多指标分析 [M]. 北京：中国铁道出版社, 1998.

[22] 沈钟, 王果庭. 胶体与表面化学 [M]. 2版. 北京：化学工业出版社, 1997.

[23] He J H, Ma W S, Tan S Z, et al. Study on surface modification of ultrafine inorganic antibacterial particles [J]. Applied Surface Science, 2005, 241 (3-4): 279~286.

[24] Hu Y H, Liu X W. Chemical composition and surface property of kaolins [J]. Minerals Engineering, 2003, 16 (11): 1279~1284.

[25] 崔吉让, 方启学, 黄国智. 一水硬铝石与高岭石的晶体结构和表面性质 [J]. 有色金属, 1999, 51 (4): 25~30.

[26] 李宝智. 硅烷偶联剂在硅酸盐矿物粉体表面改性中的应用 [J]. 非金属矿, 2007, 30 (S1): 8~10.

[27] Shi J, Wang Y, Gao Y, et al. Effects of coupling agents on the impact fracture behaviors of T-ZnOw/PA6 composites [J]. Composites Science & Technology, 2008, 68 (6): 1338~1347.

[28] Jesionowski T, Krysztafkiewicz A. Influence of silane coupling agents on surface properties of precipitated silicas [J]. Applied Surface Science, 2001, 172 (1-2): 18~32.

［29］赵振国. 吸附作用应用原理［M］. 北京：化学工业出版社，2005.

［30］郑水林. 影响粉体表面改性效果的主要因素［J］. 中国非金属工业导刊，2003（1）：13～16.

［31］张玉龙. 塑料配方及其组分设计宝典［M］. 北京：机械工业出版社，2005.

［32］Demir H，Sipahioglu M，Balkoese D. Effect of additives on flexible PVC foam formation［J］. Journal of Materials Processing Tech，2008，195（1-3）：144～153.

［33］Markarian J. Additives aid push for rigid PVC in construction［J］. Plastics Additives & Compounding，2005，7（3）：34～37.

4 高岭土尾砂制备活性胶凝材料

4.1 引言

高岭土选矿尾矿中含有多种难于分选的共生、伴生矿物，如硫铁矿、石英等[1]。长期以来，大多数公司都致力于高岭土开采加工，大量的尾矿资源产出后被当做废砂堆存，占用了大片土地，并导致大风扬尘及雨天泥石流，给废砂堆场的安全管理带来困难，容易造成地质灾害和环境污染，不利于经济建设与环境协调发展[2]。另外，很多公司每年需要花费数百万资金来治理尾矿，这对于一个企业来说是不小的经济损失，而且造成了资源的极大浪费。为了彻底改变高消耗、高污染的粗放型经济增长方式，许多高岭土公司已组织技术力量，在尾矿的利用上进行了大量的研究工作，取得了不少显著的效果。

高岭土尾砂是一种以 SiO_2 为主要成分，具有一定活性的矿砂，一直以来对高岭土尾砂性能的研究相对较少[3]，目前还没有一种高价值综合利用高岭土尾砂的有效途径。

自 80 年代初以来，我国对矿产资源和工业固体废弃物的综合利用较为重视，并取得了长足的进步[4]。许多工业废渣的应用研究已逐步成熟和完善，如对于矿渣微粉作为掺合料在混凝土中的应用有了广泛而深入的研究。近十几年来，高炉矿渣的利用有了突破性进展，但就总体而言，利用效果、技术装备水平还比较低，特别是非金属矿物的加工水平和产品品种、规模、质量与发达国家相比存在明显的差距[5]。对于高岭土尾砂资源化利用的研究开始甚晚，目前还没有非常系统全面的研究和标准出台。随着有关应用技术的发展，人们虽对高岭土尾砂的应用进行了一定的相关研究，但从高岭土尾砂的利用现状来看，其总的利用率还是很低的，没有从根本上解决高岭土尾砂的有效资源化利用问题。

目前，国内关于高岭土尾砂开发利用的报道较少，通过查阅相关文献资料，归纳出以下几个主要应用方向。

（1）以粉煤灰和高岭土尾砂为主要原料，通过科学配方并采取相应的工艺措施，制造性能符合要求的瓷质砖坯体。通过调节配料中粉煤灰和高岭土尾砂的配比和两者的总用量，可以制得从灰白色至深褐色各种颜色的瓷质砖坯体。该技术为开发利用粉煤灰和高岭土尾砂生产优质低成本的建筑陶瓷材料探索出一条新途径。如获推广，可大大降低生产成本，具有显著的经济效益、环保效益和社会效益。

（2）烧结微晶玻璃是一种新型高档的建筑装饰材料，它是利用表面析晶而形成的制品。由于形成了大量的界面，显示出粗细不均的晶花，并由占60%左右的玻璃相印射出来，富有立体感、层次感，增强了材料的装饰效果。利用钠长石、锂辉石和高岭土尾砂制备烧结微晶玻璃有着广阔的应用前景。如果将新的工业矿物原料及废渣应用于微晶玻璃的生产技术得到推广，不仅可以充分利用矿产资源，保护自然生态环境，而且可以降低微晶玻璃的生产成本，降低熔化和烧成温度，改善产品的质量，这个方向已经有部分厂家将其变为了现实，产品已投放市场[6]。

（3）有相关科研工作者通过对高岭土尾矿渣试制混凝土小型空心砌块的成型实验研究，有效地解决了废料问题，使其变为建筑混凝土小型空心砌块的建筑材料。用该方法制成的砌块外观呈灰白色，较为美观。通过优化骨料级配，增加砌块强度，其强度还可达到国家标准[7]。此外，高岭土尾砂还可以用来铺路、夯实地基等。

纵观国内高岭土尾砂利用现状，目前还没有找到一种真正有效的应用方式和技术，或者是难以实现大规模产业化应用。将高岭土尾砂作为一种掺合料用于建筑混凝土的配制当中去，并开发一种相应的技术措施，以一种行之有效、处理工艺合理、处理成本低廉并能发挥其最大使用价值的应用手段，将其开发利用起来，以起到改善混凝土性能的作用。若能够将这种工业废料大量地应用到国民经济的基础建设当中去，这其中的作用和意义就不言而喻了。

4.2 实验方法

4.2.1 尾矿特性及矿物组成

4.2.1.1 尾矿特性

高岭土尾矿经脱泥后，除去部分杂质，外观洁白晶莹，主要化学组成为SiO_2，此外含有一定量的Al_2O_3，而MgO、K_2O、Na_2O、Fe_2O_3与TiO_2等含量都较低，可以作为一种硅酸盐矿物原料来加以利用。

4.2.1.2 尾矿的主要矿物组成

A　非黏土矿物

（1）石英。粒状，集合体不规则，多与长石连生。粒度较粗，一般在0.1～1mm之间，粗者可大于2mm。石英是一种物理性质和化学性质均十分稳定的矿产资源，晶体属三方晶系的氧化物矿物。低温石英（α-石英）是石英族矿物中分布最广的一个矿物种。广义的石英还包括高温石英（β-石英）。石英化学式为

SiO_2，天然石英砂的主要成分为石英，常含有少量杂质成分如 Al_2O_3、CaO、MgO 等。石英颜色不一，玻璃光泽，无解理，贝壳状断口，莫氏硬度为 7，密度为 $2.6 \sim 2.65 g/cm^3$。石英砂是黏土物料中重要的组成部分，石英颗粒的细度同它工艺性能有关。石英有 10 种晶变，其中最重要的晶型转变是低温型石英向高温型石英的转变。随着 α 向 β 晶形转变，石英晶体也由正膨胀性变为负膨胀性（温度升高，体积收缩），这一种转变给原料的烧成性能带来极大影响。

（2）长石。粒状，主要为正长石和微斜长石，少量斜长石。粒度一般在 $0.7 \sim 1.0 mm$ 之间，部分长石颗粒已发生风化，风化程度不等，有些长石晶体嵌有铁矿物包体。地壳中最常见的矿物就是长石，长石的基本结构单位是四面体，它由 4 个氧原子围绕一个硅原子或铝原子而构成。每一个这样的四面体都和另一个四面体共用一个氧原子，形成一种三维骨架。大半径的碱或碱土金属阳离子位于骨架内大的空隙中，配位数为 8（在单斜晶系长石中）或 9（在三斜晶系长石中）。常呈白色、肉红色或灰色，玻璃光泽，莫氏硬度为 $6 \sim 6.5$，是黏土物料中常含有的矿物成分。正长石呈白色、灰白色，有时候染成其他颜色，玻璃光泽，莫氏硬度为 6，密度为 $2.61 \sim 2.76 g/cm^3$。

（3）白云母。自形晶片状，部分晶体沿解理缝充填含铁的氧化物，粒度较长石、石英细，一般在 $0.04 \sim 0.6 mm$ 之间。白云母也叫普通云母、钾云母或云母，是云母类矿物中的一种。其化学组成为 $KAl_2[Si_3AlO_{10}](OH，F)_2$，理想的组分是八面体片含 Al，也可少量地被 Fe^{3+}、Mg、Fe^{2+} 甚至 Mn、Cr、V 等所置换。白云母具有高度完全的底解理、颜色淡白，薄片富弹性。白云母的莫氏硬度上为 $2 \sim 3$、垂直为 4，密度为 $2.76 \sim 3.10 g/cm^3$，解理极完全，有的具（110）和（010）裂理，颜色为浅黄、浅绿、浅红或红褐色，透明至半透明，玻璃光泽，解理面上呈现珍珠光泽，薄片具显著的弹性。绝缘性和隔热性都特强。

B　黏土矿物

高岭石晶体呈片状，结晶程度中等，单晶片径小于 $5 \mu m$，集合体粒度一般在 $5 \sim 40 \mu m$。化学成分为 $Al_4(Si_4O_{10})(OH)_8$。晶体呈极微细的鳞片或弯曲柱状，其颗粒直径较大，约为 $1 \sim 2 \mu m$。常呈致密涂块状集合体，呈白、浅黄、浅蓝等颜色，光泽暗淡。莫氏硬度为 2，密度为 $2.6 \sim 2.68 g/cm^3$。干燥土状块体易用手指捏碎成粉，潮湿时可塑性良好。它是一种风化程度较高的矿物，由铝酸盐类矿物（长石、云母等）经风化或低温热液变化而成，酸性介质对其生成有利。

4.2.2　制备过程及检测方法

4.2.2.1　制备过程

第一步是将高岭土尾矿进行机械研磨与化学激发活化处理，得到一种尾矿活性微粉；第二步是将活化处理后的尾矿作为一种新型掺合料用于建筑混凝土的配制。

主要实验方案：

（1）将高岭土尾矿与自制化学激发剂混合均匀，加入普通球磨机中进行研磨细化，获得具有一定细度和活性的尾矿微粉。

（2）将尾矿微粉与普通硅酸盐水泥进行复合，通过测试该水泥基胶凝材料的性能指标，来论证尾矿微粉用于建筑行业的可行性。

（3）将该尾矿微粉作为掺合料加入到建筑混凝土的试配中，评价不同添加量、试配不同强度等级的混凝土、不同掺合方式等因素对尾矿微粉应用效果的影响。

（4）根据最新的国家标准对实验材料及结果和高岭土尾矿试配的最终产品混凝土进行全面的性能检测和评价。

4.2.2.2　检测方法

用 X 射线衍射仪分析磨细尾矿的物相成分及晶型结构，用扫描电子显微镜来观察尾矿微粉的形貌。将 70%（质量分数）OPC 与 30%（质量分数）活化尾矿微粉均匀混合后，对得到的水泥基胶凝材料性能进行评价，标准稠度用水量、凝结时间、安定性测定方法参照 GB/T 1346—2001 标准。尾矿微粉需水量比参照GB/T 1596—2005 的标准进行评价。水泥胶砂强度检验方法参照 GB/T 17671—1999（ISO 法）标准进行。

将活化尾矿微粉作为混凝土掺合料应用到混凝土中，并对其应用效果进行评价。混凝土工作性能、强度检测方法分别按《普通混凝土拌合物性能试验方法》（GB/T 50080—2002）和《普通混凝土力学性能试验方法》（GB/T 50081—2002）规定测试，抗压强度检测采用 150mm×150mm×150mm 立方体试件。

图 4-1 和图 4-2 分别为尾矿微粉及制备的混凝土试样。

图 4-1　实验用高岭土尾矿微粉

图 4-2 掺加了高岭土尾矿微粉的混凝土试样

4.3 高岭土尾砂制备活性胶凝材料

4.3.1 高岭土尾矿的机械研磨活化

将 25kg 经干燥过的高岭土尾矿及化学激发剂装入 $\phi 460 \times 600$mm 筒形磨矿机内，入料粒度为 0~3mm，选取的磨机球料比为 6∶1，转速为 48r/min，研磨时间为 2~3h，得到活化的高岭土尾矿微粉备用。

4.3.1.1 微粉物相分析

图 4-3 是活化处理后高岭土尾矿微粉的 XRD 图谱，从图中可以看出，活化后尾矿主要物相是晶型较完整的石英相，另外还含有一定量的碳酸钙、正长石等，这说明在球磨过程很难破坏尾矿中石英的晶体结构，但借助化学活性激发剂的作用，让其参与到水泥水化过程一系列的化学反应中去，将有利于将其作为一种矿物掺合料应用于混凝土中。

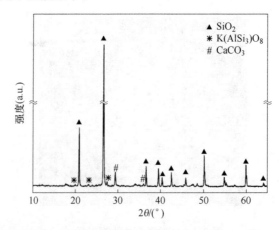

图 4-3 活化处理后高岭土尾矿微粉的 XRD 图谱

图 4-4 和表 4-1 分别说明所制备的尾矿微粉粒度分布及粒径特征参数情况。从图 4-4 中可以看出微粉颗粒尺寸分布宽广，大小不均匀，其 d_{50} 约为 14.30μm。采用标准方孔筛对其进行筛分，0.038mm 筛上质量分数为 13.6%。

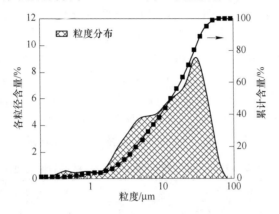

图 4-4 高岭土尾矿微粉粒度分布曲线图

表 4-1 微粉粒径特征参数

特征参数/μm	d_{50}	d_{10}	d_{25}	d_{75}	d_{90}
尾矿微粉	14.30	2.83	5.64	26.58	36.79
采用标准筛筛分样品	得 0.038mm 筛上质量分数 13.6%，筛下 86.4%				

4.3.1.2 微粉形貌分析

图 4-5 是机械研磨处理后的高岭土尾矿 SEM 图，从图中可以很清楚地看到尾矿颗粒形貌。高岭土尾矿球磨后颗粒形状是极不规则的，颗粒大小也很不均匀，其中细颗粒居多，尾矿中少量的高岭土和长石矿物黏附在相对大尺寸石英的表面，也可能是尾矿颗粒表面覆盖了大量的化学活性激发剂，这些均有利于水泥颗粒之间及浆体与尾矿之间的结合，尾矿的这些形貌尺寸特性将会对其在混凝土中

图 4-5 活化处理后尾矿微粉的 SEM 图

的应用及其对混凝土相关性能的提高存在较好的效果。

4.3.2　尾矿微粉配制水泥基胶凝材料的性能

从表4-2中可以看出，OPC与用30%（质量分数）活化尾矿等量取代OPC后的复合水泥相比，标准稠度用水量变化不大，说明该活化尾矿的掺入不会对水泥需水量产生不利影响，测试得出尾矿微粉需水量比为96%。另外，复合水泥的初凝和终凝时间均符合常用水泥产品的指标要求（初凝≥45min，终凝≤10h），且安定性合格。从表4-2的结果还可以看出，掺入30%尾矿后的复合水泥胶砂28d抗压强度，与基准样的28d抗压强度比为75.8%，优于水泥活化混合材料用粉煤灰的技术要求，以上结果说明尾矿用作混凝土掺合料是完全可行的。

表4-2　OPC及活化尾矿-水泥基胶凝材料的性能对比

试样编号	标准稠度用水量/g	凝结时间/h		安定性	胶砂抗折强度/MPa		胶砂抗压强度/MPa		28d 抗压强度比/%
		初凝	终凝		3d	28d	3d	28d	
A	139.0	3.1	4.4	合格	5.5	9.2	30.6	55.8	100.0
B	139.0	3.3	4.5	合格	5.1	7.7	26.7	42.3	75.8

注：1. A—OPC；B—70%OPC+30%活化尾矿；
　　2. GB/T 1596—2005：水泥活化混合材料用粉煤灰技术要求28d抗压强度比≥70.0%。

4.3.3　尾矿微粉试配混凝土实验

4.3.3.1　尾矿微粉试配混凝土方案Ⅰ

A　实验数据

强度等级为C30的混凝土是目前国内最常用的混凝土强度等级之一，混凝土配合比见表4-3，记为配合比Ⅰ。

按表4-4的基本要求分别制取混凝土试样A0、A1、A2、A3共4组，将高岭土尾矿微粉采用等量取代水泥的方式加入其中，试样的相关检测结果和尾矿掺量如表4-5所示。

表4-3　建筑混凝土C30试验配合比的基本要求

材料用量/kg·m⁻³				配合比（质量比）	坍落度/mm	设计要求
水泥 m_c	砂 m_s	石 m_g	水 m_w	水泥:砂:石:水（m_c:m_s:m_g:m_w）		
356	646	1199	185	1:1.81:3.37:0.52	50~80	C30

注：1. 试验执行规范：《普通混凝土配合比设计规程》（JGJ 55—2000）；
　　2. 试验采用P.O42.5普通硅酸盐水泥；
　　3. 配比采用中砂：含泥量<1%；
　　4. 配比采用碎石：5~31.5mm。

表 4-4 配合比 I 混凝土配方表

编 号	质量配合比/kg·m⁻³							砂含水 /%
	水泥	中砂	碎石	水	粉煤灰	尾矿	外加剂	
A0	356	646	1199	185	0	0	0	4.82
A1	320	646	1199	185	0	36	0	4.82
A2	285	646	1199	185	0	71	0	4.82
A3	249	646	1199	185	0	107	0	4.82

表 4-5 混凝土试块抗压强度检测结果

试样号	尾矿 掺量/%	坍落度 /mm	抗压强度/MPa						28d 抗压 强度比/%
			7d			28d			
A0	0	80	28.0	31.1	32.4	42.2	39.1	42.7	100
			30.5			41.3			
A1	10	80	31.6	29.8	32.0	39.3	41.8	38.0	96
			31.1			39.7			
A2	20	80	26.7	26.0	26.2	36.0	36.4	36.4	88
			26.3			36.3			
A3	30	80	24.4	24.9	22.7	31.1	32.0	30.2	75
			24.0			31.1			

B 结果分析

图 4-6 是分别用高岭土尾矿微粉等量替代水泥质量 10%、20% 和 30% 后的 C30 混凝土试样的抗压强度对比图,另外以未掺加尾矿微粉试块作为空白样。从图中可以看出,随着尾矿微粉取代量的增加,试块的 7d 和 28d 抗压强度逐渐降

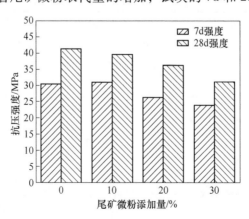

图 4-6 尾矿微粉不同掺量对混凝土抗压强度的影响

低，但当取代量为 10% 时，试块的 7d 抗压强度略高于空白样，28d 抗压强度基本持平，且坍落度保持不变，达到了设计配合比的基本要求。

4.3.3.2 尾矿微粉试配混凝土方案 II

A 实验数据

采用强度等级稍高的 C40 低流动性混凝土配方进行试验，混凝土配合比见表 4-6，记为配合比 II。按表 4-7 的基本要求分别制取混凝土试样 B0、B1、B2 共三组，将高岭土尾矿微粉采用超量取代水泥的方式加入其中，试样的相关检测结果和尾矿掺量如表 4-8 所示。

表 4-6 建筑混凝土 C40 试验配合比的基本要求

材料用量/kg·m⁻³				配合比（质量比）	坍落度	设计
水泥 m_c	砂 m_s	石 m_g	水 m_w	水泥：砂：石：水（$m_c : m_s : m_g : m_w$）	/mm	要求
320	650	1260	165	1 : 2.03 : 3.94 : 0.52	35~50	C40

注：1. 试验执行规范：《普通混凝土配合比设计规程》（JGJ 55—2000）；

2. 试验采用 P.O42.5 普通硅酸盐水泥；

3. 配比采用中砂：含泥量<1%；

4. 配比采用碎石：5~31.5mm。

表 4-7 配合比 II 混凝土配方表

编号	质量配合比/kg·m⁻³							砂含水
	水泥	中砂	碎石	水	粉煤灰	尾矿	外加剂	/%
B0	320	650	1260	165	0	0	0	4.82
B1	288	610	1260	170	0	64	0	4.82
B2	272	597	1260	170	0	96	0	4.82

表 4-8 混凝土试块抗压强度检测结果

试样号	尾矿掺量/%	坍落度/mm	抗压强度/MPa						28d 抗压强度比/%
			7d			28d			
B0	0	40	30.7	33.3	32.7	44.9	43.3	43.6	100
			32.2			43.9			
B1	20（10）	40	30.7	31.8	30.2	42.2	41.8	40.7	95
			30.9			41.6			
B2	30（15）	40	30.4	29.3	25.1	38.0	37.1	38.2	86
			28.3			37.8			

注：括号中的数值为被取代的水泥量。

B 结果分析

从表 4-8 中可以看出，利用 20% 的尾矿微粉取代 10% 的水泥后，配制的混凝土抗压强度及坍落度变化不大，试块的 28d 抗压强度比达到 95%，能够达到设计的基本要求，当利用 30% 的尾矿微粉取代 15% 的水泥时，混凝土试块的抗压强度未能保持得很好，说明单一增加尾矿微粉的质量来超量取代水泥这种方式不太合适，对比前面等量取代的结果发现超量取代效果对混凝土抗压强度性能的改善不明显。

4.3.3.3 尾矿微粉试配混凝土方案Ⅲ

A 实验数据

配合比Ⅲ为混凝土搅拌站提供的现场施工中最常用的混凝土配合比，完全满足商品混凝土泵送施工的使用要求。

按表 4-9 的基本要求分别制取混凝土试样 C0、C1、C2、C3、C4 共 5 组，将高岭土尾矿微粉采用等量取代水泥的方式加入其中，并与同样方式掺加了粉煤灰的应用效果进行对比。

表 4-9　配合比Ⅲ混凝土配方表

编　号	质量配合比/kg·m^{-3}							砂含水 /%
	水泥	中砂	碎石	水	粉煤灰	尾矿	外加剂	
C0	348	829	1040	165	0	0	8.7	4.82
C1	313	829	1040	165	0	35	8.7	4.82
C2	290	829	1040	165	0	58	8.7	4.82
C3	244	829	1040	165	0	104	8.7	4.82
C4	290	829	1040	165	58	0	8.7	4.82

试样的相关检测结果和尾矿掺量如表 4-10 所示。

表 4-10　混凝土试块抗压强度检测结果

试样号	尾矿 掺量/%	坍落度 /mm	抗压强度/MPa						28d 抗压 强度比/%
			7d			28d			
C0	0	160	42.0	41.1	43.8	49.3	53.3	49.3	100
			42.3			50.7			
C1	10	180	33.1	35.6	38.2	44.9	42.0	44.4	86
			35.6			43.8			
C2	17	180	36.9	34.7	34.7	42.9	38.2	43.6	82
			35.4			41.6			
C3	30	180	28.9	28.4	27.8	37.1	37.8	33.3	71
			28.4			36.1			
C4	17	190	28.2	29.8	29.8	39.1	39.6	38.9	77
			29.3			39.2			

注：C4 配方中粉煤灰掺加量为 17%。

B　结果分析

图 4-7 是分别为利用尾矿微粉等量取代 10%、17% 和 30% 的混凝土试样抗压强度对比图，C0 为未掺加尾矿的空白样。从图中可以看出，当尾矿微粉取代量低于 20% 时，混凝土试块的抗压强度变化不大，能够达到 C40 强度等级混凝土的应用要求，当取代量大于 30% 时，试块的抗压强度损失较大。对比同样方式掺加粉煤灰的试块，同样条件下，掺加尾矿微粉的拌合物流动性及试块抗压强度等同或优于掺加粉煤灰的试块。另外，从这组试块的 56d 抗压强度数据（表 4-11）来看，各配方试块的抗压强度均有所提高，且与空白样的 56d 抗压强度比高于 28d 抗压强度比，同样优于掺加了粉煤灰的试块，说明掺加尾矿微粉对混凝土的后期抗压强度及耐久性能不会产生有害影响。

表 4-11　配合比Ⅲ试块的 56d 抗压强度

试块编号	C0	C1	C2	C3	C4
56d 抗压强度/MPa	52.0	46.6	46.4	42.4	42.4
56d 抗压强度比/%	100	90	89	82	82

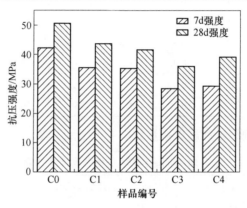

图 4-7　配合比Ⅲ不同掺量尾矿微粉对混凝土抗压强度的影响

4.3.3.4　尾矿微粉试配混凝土方案Ⅳ

A　实验数据

配合比Ⅳ同样为混凝土搅拌站提供的现场施工配方，采用了超量取代水泥的方式添加尾矿微粉。按表 4-12 的基本要求分别制取混凝土试样 D0、D1、D2、D3 共 4 组，试样的相关检测结果和尾矿掺量如表 4-13 所示。

表 4-12　配合比Ⅳ混凝土配方表

编号	质量配合比/kg·m⁻³							砂含水/%
	水泥	中砂	碎石	水	粉煤灰	尾矿	外加剂	
D0	312	875	1030	175	0	0	7.8	5.26
D1	281	850	1030	170	0	62	7.8	5.26

续表 4-12

编号	质量配合比/kg·m⁻³							砂含水 /%
	水泥	中砂	碎石	水	粉煤灰	尾矿	外加剂	
D2	265	834	1030	170	0	94	7.8	5.26
D3	281	850	1030	170	62	0	7.8	5.26

表 4-13　混凝土试块抗压强度检测结果

试样号	尾矿掺量/%	坍落度/mm	抗压强度/MPa						28d 抗压强度比/%
			7d			28d			
D0	0	160	33.8	33.8	33.8	41.6	41.6	41.6	100
			33.8			41.6			
D1	20(10)	170	27.6	29.8	30.2	38.7	42.2	40.9	98
			29.2			40.6			
D2	30(15)	160	20.4	20.7	21.8	30.7	28.9	30.2	72
			21.0			29.9			
D3	20(10)	190	26.7	25.3	24.9	36.9	33.3	36.4	86
			25.6			35.6			

注：括号中的数值为被取代的水泥量。

B　结果分析

从表 4-13 中数据可以看出，该配合比下，20%的尾矿微粉取代 10%的水泥后，混凝土试块的 28d 抗压强度比达到了 98%，基本与空白样持平，明显高于同等方式下掺加粉煤灰后的效果，从拌合物流动性能和抗压强度指标来看，完全能够代替空白样配方来配置混凝土。

4.3.4　检测结果

4.3.4.1　粉煤灰的技术要求

参照《用于水泥和混凝土中的粉煤灰》（GB/T 1596—2005）标准，对实验中所使用的粉煤灰细度、需水量比、烧失量、含水量、三氧化硫含量、游离氧化钙含量等指标进行检测，结果如表 4-14 所示，得出所检样品符合 GB/T 1596—2005 标准中 F 类 Ⅱ 级粉煤灰的技术要求，样品状态无异常。

表 4-14　实验用粉煤灰的技术要求

序　号	检验项目	技术要求（F 类 Ⅱ 级）	检验结果	单项评定
1	细度/%	≤25.0	14.1	符合
2	需水量比/%	≤105	98	符合

序　号	检验项目	技术要求（F 类 Ⅱ 级）	检验结果	单项评定
3	烧失量/%	≤8.0	3.7	符合
4	含水量/%	≤1.0	0.2	符合
5	三氧化硫含量/%	≤3.0	0.3	符合
6	游离氧化钙含量/%	≤1.0	0	符合

4.3.4.2　活化尾矿微粉的技术要求

参照《用于水泥和混凝土中的粉煤灰》（GB/T 1596—2005）、《水泥化学分析方法》（GB/T 176—2008）、《水泥比表面积测定方法 勃氏法》（GB/T 8074—2008）等标准，对实验中所使用的活化高岭土尾矿微粉细度、需水量比、烧失量、含水量、三氧化硫含量、游离氧化钙含量、安定性、氧化镁含量、氯离子含量、比表面积、活化指数、碱含量等指标进行检测，结果如表 4-15 所示，得出所检样品符合 GB/T 1596—2005 标准中 F 类 Ⅱ 级粉煤灰的技术要求，样品状态无异常，完全可作为配制水泥和混凝土材料的原材料。

表 4-15　实验用活化高岭土尾矿微粉的技术要求

序　号	检验项目	技术要求（F 类 Ⅱ 级）	检验结果	单项评定
1	细度/%	≤25.0	11.4	符合
2	需水量比/%	≤105	100	符合
3	烧失量/%	≤8.0	6.0	符合
4	含水量/%	≤1.0	0.4	符合
5	三氧化硫含量/%	≤3.0	0.9	符合
6	游离氧化钙含量/%	≤1.0	0.1	符合
7	安定性/mm	—	1.0	—
8	氧化镁含量/%		0.95	—
9	氯离子含量/%		0.008	—
10	比表面积/m² · kg⁻¹		602	—
11	活化指数/%		65	—
12	碱含量/%		1.09	—

4.3.4.3　混凝土配合比复验

参照《普通混凝土拌合物性能试验方法标准》（GB/T 50080—2002）、《普通混凝土力学性能试验方法标准》（GB/T 50081—2002）等标准，对企业试用中实验结果中的混凝土拌合物坍落度、表观密度及硬化混凝土试块抗压强度进行复验，结果如表 4-16~表 4-18 所示。复验所用原材料为：

（1）水泥：P.O 42.5 普通硅酸盐水泥；

（2）砂：中砂，细度模数为 2.8；

（3）碎石：粒径为 5.0~31.5mm；

（4）水：实验室自来水；

（5）外加剂 1：XD-Ⅱ缓凝型高性能减水剂；

（6）掺合料 1：某混凝土公司实验用Ⅱ级粉煤灰；

（7）掺合料 2：活化高岭土尾矿微粉。

从各表中得出的数据与企业试用结论一致，样品状态无异常，活化高岭土尾矿微粉取代粉煤灰配制混凝土能够达到相应的技术要求。

表 4-16 配合比 A 混凝土性能复验结果

材料名称		每 1m³ 混凝土用料/kg			
		A0	A1	A2	A3
水泥		356	320	285	249
砂		646	646	646	646
碎石		1199	1199	1199	1199
水		185	185	185	185
外加剂 1		—	—	—	—
掺合料 1		—	—	—	—
掺合料 2			36	71	107
坍落度/mm		75	80	85	75
表观密度/kg·m⁻³		2430	2420	2410	2400
抗压强度/MPa	7d	29.8	27.6	24.3	20.1
	28d	40.7	39.8	36.8	32.5

表 4-17 配合比 C 混凝土性能复验结果

材料名称		每 1m³ 混凝土用料/kg				
		C0	C1	C2	C3	C4
水泥		348	244	290	244	290
砂		829	829	829	829	829
碎石		1040	1040	1040	1040	1040
水		165	165	165	165	165
外加剂 1		8.7	8.7	8.7	8.7	8.7
掺合料 1		—	104	—	—	58
掺合料 2		—	—	58	104	—
坍落度/mm		160	195	170	180	190
表观密度/kg·m⁻³		2420	2390	2410	2410	2400
抗压强度/MPa	7d	28.2	18.0	26.8	19.8	26.5
	28d	40.1	29.5	39.2	29.8	38.4

表 4-18　配合比 D 混凝土性能复验结果

材料名称	每 1m³ 混凝土用料/kg		
	D0	D1	D2
水泥	312	281	281
砂	875	850	850
碎石	1030	1030	1030
水	175	170	170
外加剂 1	7.8	7.8	7.8
掺合料 1	—	—	62
掺合料 2	—	62	—
坍落度/mm	160	175	175
表观密度/kg·m⁻³	2410	2410	2400
抗压强度/MPa　7d	22.4	26.4	26.1
28d	34.1	38.7	38.2

4.3.4.4　混凝土的耐久性能检验

活化尾矿微粉配制的混凝土耐久性能检验结果见表 4-19。

表 4-19　活化尾矿微粉配制的混凝土耐久性能检验结果

检验项目	检验结果	单项评定	说　明
抗氯离子渗透（电通量）性能	808（C）	符合 Q-Ⅳ级	
抗硫酸盐侵蚀性能	在检	—	干湿循环达到 100 次时，抗压强度耐蚀系数为 94%；现已干湿循环 110 次；能够经历 150 次以上干湿循环的混凝土，具有优异的抗硫酸盐侵蚀性能，故达到 150 次或抗压强度耐蚀系数低于 75%，可停止试验
抗水渗透性能（渗水高度）	1.2MPa 不渗水	>P12	
碳化性能（碳化深度）	18	符合 T-Ⅲ级	
早期抗裂性能（单位面积上总开裂面积）	324/mm²·m⁻²	符合 L-Ⅳ级	
收缩率	112.0（10⁻⁶）		对比试件以 180d 龄期为准，一般试件以 360d 的收缩率值为终极收缩率
混凝土中钢筋锈蚀	0.72%		

参 考 文 献

［1］徐承焱，孙体昌，莫晓兰，等．我国黏土矿物尾矿的现状及利用途径［J］．中国矿业，2009，18（6）：86~89．

［2］胡佩伟，杨华明，陈文瑞，等．高岭土尾砂制备混凝土活性掺合料的试验研究［J］．金属矿山，2010（3）：174~179．

［3］汪振双，焦玉麟，周梅高，等．高岭土尾砂在高强混凝土中应用的试验研究［J］．沈阳大学学报（自然科学版），2013，25（4）：313~317．

［4］宋守志，钟勇，邢军，等．矿产资源综合利用现状与发展的研究［J］．金属矿山，2006，（11）：1~4．

［5］杨沛，浩张，学锋，等．矿渣粉的性能分析［J］．四川建材，2012，38（1）：21~25．

［6］陈国华，康晓玲．烧结微晶玻璃工业原料新资源的开发利用［J］．陶瓷工程，2001（6）：31~33．

［7］兰琼．利用高岭土尾矿渣作细骨料生产砼小型空心砌块的试验研究［J］．昆明理工大学学报（自然科学版），2001，26（5）：67~69．

5 高铝渣的材料化加工与应用

5.1 引言

在制备铝金属、铝产品再消费应用以及废铝再生的过程中，由于制备工艺、设备等原因，在铸锭、配制合金、锻造、挤压、轧制、切削加工等过程中都会产生一些铝金属、铝氧化物和含有其他成分的混合物，即铝渣，其主要成分为氧化铝、氧化镁、氧化钙[1]，有的含有少量的杂质铁氧化物[2]。从金属铝第一次被熔化开始，铝渣就是不可避免的副产品，热力学表明只要在暴露的铝表面附近有氧气存在，铝就会氧化，生成各种成分的铝氧化物[3]。此外，铝渣含金属铝一般降至 10% 以下，形态多呈粉状，几乎能全部通过 0.25mm 筛，统称为铝灰。一般每生产 1t 铝要产生 30~50kg 铝渣铝灰，而每吨铝的加工应用又将产生 30~40kg 铝渣铝灰，此外废铝再生并重新加工成制品的过程中也要产生铝渣铝灰，再加上之前废铝的堆积，使得我国铝渣的堆积量更为惊人[4]。而这种有较高利用价值的废渣并没有被充分利用，有报道显示平均处理成本达 1680~2300 元/t[5]，且有大量的铝渣被填埋处理。铝渣的不断堆积，不但占用土地，污染环境，还造成了资源的严重浪费。铝渣的回收是一个既具经济效益，又具有环境效应的废物利用过程[6]。对铝渣的高效回收利用，要求节约资源、减少填埋土地面积并提升公共的环保意识[7]，具有十分重要的经济、环境及社会效应，也是实现节能、减排，可持续发展的手段之一[8]。

由于生产工艺不同，铝渣中含有铝的含量也不同，高的超过 50%，低的也在 10% 以上，而这部分铝都有提取价值。按照成分及颜色分类，铝渣主要分为：白渣、黑渣、盐渣饼和铝灰[9]。铝渣的主要成分是金属铝或者 Al_2O_3，其次是 SiO_2、MgO、CaO、Fe_2O_3、TiO_2 等。

5.2 高铝渣特性分析

图 5-1 是高铝渣的 X 射线衍射图谱，可以很清晰地看出各衍射峰较为分明，主要衍射峰为铝酸钙和镁铝尖晶石，其化学式分别为 $CaAl_2O_4$、$MgAl_2O_4$，$MgAl_2O_4$ 的熔点密度硬度都较高，是耐火材料中较为常见的晶相；$CaAl_2O_4$ 可作为填充相，由于其在高温下具有较高的黏性，可连接以 $MgAl_2O_4$ 为骨料的制品，使得制品具有较高的强度。

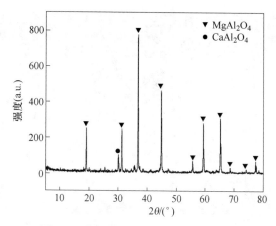

图 5-1 高铝渣原料的 X 射线衍射图谱

X 射线荧光光谱分析结果见表 5-1，由表可知：高铝渣中主要组分含 Al_2O_3 74.11%、CaO 8.24%、MgO 12.94%，杂质组分 SiO_2 含量为 0.874%，TiO_2 含量为 1.66%，不利元素为 Na、K、Fe，但其含量较少，对制备耐火材料的影响轻微，且可控，其余还有含量较少的 Fe_2O_3 杂质，含量为 0.646%。Ti^{4+} 可以促进离子晶体固相烧结时的传质过程，有利于镁铝尖晶石的形成。

表 5-1 高铝渣原料的 X 射线荧光光谱

成分	Al_2O_3	MgO	CaO	NaO	K_2O	Fe_2O_3	TiO_2	SiO_2	SO_2
质量分数/%	74.11	12.94	8.24	0.19	0.043	0.646	1.66	0.874	0.019

图 5-2 是高铝渣的矿相显微镜像图。从矿物学的角度出发，利用光学显微镜研究物相颗粒的分布及嵌布关系。图 5-2 反映了高铝渣的微观分布，整个表面并不是光滑的，而是有部分颗粒突起（图 5-2（a）、（b）），并存在亮色的区域，结合高铝渣的来源，即副产物高铝渣的生产工艺，初步推断该区域为玻璃相。矿物相呈细长状及不规则近圆形分布。

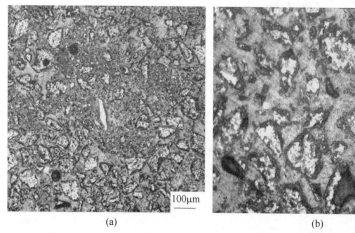

(a)   (b)

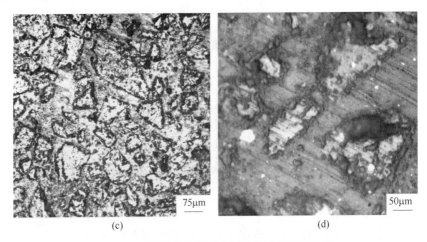

(c)   75μm

(d)   50μm

图 5-2   不同放大倍数下高铝渣的矿相显微镜图

图 5-3 是高铝渣的扫描电镜图，从图 5-3（a）、（b）可以看出 $MgAl_2O_4$ 颗粒

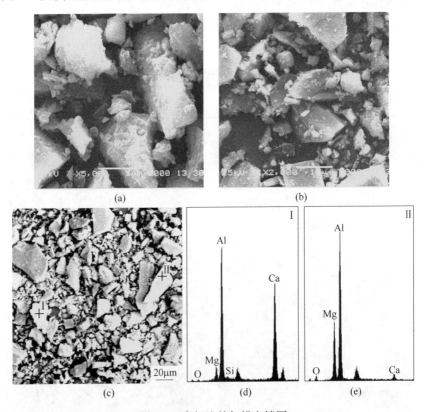

图 5-3   高铝渣的扫描电镜图

（a）～（c）不同放大倍数的扫描电镜图；（d）对应（c）中的 I；（e）对应（c）中的 II

尺寸相对较大，$CaAl_2O_4$点缀在尖晶石周围，成碎粒状无规则分布。图 5-3（c）中颗粒杂乱无章的分布，有的颗粒尖而长，有的短而粗。图 5-3（d）、（e）分别对应（c）中的 I 和 II，结合 EDS 能谱得知，$MgAl_2O_4$呈条形状存在、硬度大质脆，$CaAl_2O_4$呈类圆形。

5.3 高铝渣制备高铝砖

5.3.1 实验方法

工艺流程主要包括破碎、分级、混料、困料、成型、养护、烧结等，见图 5-4。

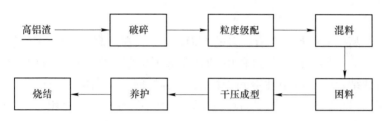

图 5-4 高铝渣制备高铝砖的工艺流程图

原料高铝渣为致密性块状、部分有孔状结构硬度较大，用颚式破碎机粉碎后经 3mm 对辊机破碎成颗粒小于 3mm 的物料。用 1mm 筛子对物料进行分级，将两种或三种颗粒大小不同的物料按一定比例混合均匀后，添加一定量的用酒精稀释并溶解的酚醛树脂[10]，在混凝土搅拌机里充分搅拌 10min，然后卸料并封装于袋中，室温放置 24h，这一步称之为困料。困料之后的样品经 YES-2000 数显压力试验机以 150MPa 压力压制成 25mm×25mm×140mm 的长条形。胚体在 110℃烘箱里养护 24h，按特定温度制度（图 5-5）烧结。

温度制度：室温~300℃　　　系统自设

　　　　　300~700℃　　　5℃/min

　　　　　700~1000℃　　　4℃/min

　　　　　1000~1300℃　　　3℃/min

　　　　　>1300℃　　　　　2℃/min

采用升温加速率逐级递减的温度制度，最大限度地减少高温反应时烧结应力对制品产生的破坏。在烧成温度保温 2h。对制品进行抗折强度、抗压强度、显气孔率、体积密度等常规性能的检测。

5.3.2 高铝渣制备高铝砖性能表征

5.3.2.1 困料对物料的影响

混合均匀后将混合料在一定温度湿度条件下养护处理称为困料，即为坯料的

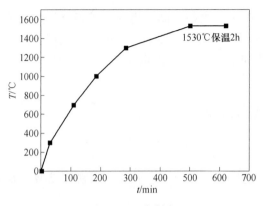

图 5-5　温度制度

塑化处理。高铝渣原料中含有较多的 CaO、MgO，在此高铝砖生产工艺中，困料是不可缺少的一环。在困料过程中 CaO、MgO 与水结合形成具有胶体性质的物质，坯料的结合性和可塑性得到了增强，同时降低了因体积不稳定产生的危害性。将样品封袋后置于自然室内环境中，对困料后样品进行 XRD 测试分析，其结果如图 5-6 所示。

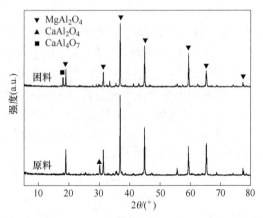

图 5-6　困料后样品 XRD 图

经困料后样品有一定程度的润湿，部分颗粒出现聚集成团的现象，这是由于水化过程中水牵引成团引起的，同时酚醛树脂不均匀分布也会导致局部颗粒的聚集成团。从图 5-6 可以看出，各衍射峰的峰形狭窄而且尖锐、对称且峰值较高，原渣中主要含有 $CaAl_2O_4$、$MgAl_2O_4$，经困料后在 CaO、MgO 与水结合过程中，物相组成发生了改变，出现了 $CaAl_4O_7$ 的衍射峰，同时原渣中的一些杂质峰消失。说明困料有利于消除杂质对物料的不利影响，并增强了坯料的可塑性。

5.3.2.2　不同粒度级配对高铝砖性能的影响

比表面积会因颗粒尺寸不同而有所变化，进而影响单位面积上的活性位点的个数，细粉物料在固相烧结时具有较大的推动力[11]，使传质速度加快[12]。颗粒尺寸的不同也会形成不同堆积密度的块体，颗粒间的孔隙大小不一。在耐火材料生产中，通常采取粗颗粒、中颗粒和细颗粒配合。为研究不同级配的物料对高铝砖性能的影响，将原料筛分为 $-5+3mm$、$-3+1mm$ 和 $-1mm$ 的三种粒级，并按 $(-3+1mm)$:$(-1mm)=6:4$、$(-3+1mm)$:$(-1mm)=7:3$ 和 $(-5+3mm)$:$(-3+1mm)$:$(-1mm)=1:5:4$ 制成不同样品，编号对应为 1、2 和 3，通过对原料理化性质的考察，选定在 1400℃烧结并检测其物理性能。

由表 5-2 可以看出，随着组成物料中粗颗粒的比例加大，样品的体积密度减小、相应的显气孔率有所增加，但抗压强度以及抗折强度都是降低的。这是由于颗粒组成影响样品的堆积密度，进而影响了制品的线性收缩。此外，大颗粒间活性位点相对较少，质点传递速率慢，影响固相反应的进程[13]。在碎磨过程中物料可能会产生不同程度的物理变化，这些微观变化都会对制品的宏观性能产生不同程度的影响。从数据来看，当按 $(-3+1mm)$:$(-1mm)=6:4$ 制取样品时，其体积密度为 2.41g/cm^3、显气孔率为 26.43%，说明制品具有一定的松散多孔，这是由于烧结温度过低引起的，反应不完全，进而导致制品力学性能不理想。

表 5-2 粒度级配对高铝砖性能的影响

样品编号	体积密度/g·cm^{-3}	显气孔率/%	抗折强度/MPa	抗压强度/MPa
1	2.41	26.43	5.38	34.32
2	2.39	26.83	4.81	32.80
3	2.36	27.13	4.07	28.67

5.3.2.3 温度对高铝砖性能的影响

烧成温度是高铝砖制备工艺的关键因素[14,15]。烧成的实质是将粉料通过高温时的物相反应变成致密的且有一定强度的块状物体，因此烧成温度通过影响制品的体积密度和显气孔率来影响制品的使用性能。烧成温度是耐火材料生产工艺中一个最关键性的因素，它不仅决定了最后制品的物相组成，并且主导着化学反应的进程。根据原物料的组分，查阅相关相图确定可行的烧成温度，并根据高铝砖行业中常见的温度制度，有针对性地拟定工艺的温度制度。采取梯度递减烧结技术[16,17]，尽量减少在高温时反应所产生的热应力，使样品具有较好的体积稳定性。为了研究不同温度对高铝砖性能的影响，按 $(-3+1mm)$:$(-1mm)=6:4$ 的粒度级配制取样品，选取 1400℃、1450℃、1500℃、1530℃以及 1550℃五个温度点，检测其力学性能。

图 5-7 是制品在不同温度下显气孔率及体积密度的关系图。可以看出，随着烧成温度的升高，样品的体积密度逐渐提高，样品显气孔率减小，所以烧结性能随着烧成温度的提高而增强。在高温 1500℃以后，样品物理性能的变化相对平

缓，说明此阶段固相反应的进程趋于完结，而样品性能的变化主要是镁铝尖晶石和铝酸钙晶粒的继续长大而导致样品进一步的致密化。1530℃之后，样品的显气孔率相较于1500℃急剧减小，且基本无变化，在1500℃为11.12%，这一阶段可能产生了液相，致使试样的致密度有着明显的改善，并趋于稳定。

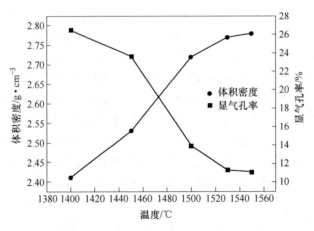

图 5-7　烧成温度对体积密度的影响

　　图 5-8 是制品在不同温度下抗压强度的关系图。当升高烧成温度时，样品的机械强度都呈增大的趋势，这与体积密度、显气孔率的变化规律是相符的。但是在不同的温度段，其变化趋势并不相同。1500℃之前，样品的抗折强度较低，且变化较为平缓，是物相反应没有彻底所导致；1500℃之后，样品的抗折强度明显提高，变化剧烈，1550℃达到 21.28MPa。1500℃之前，样品的抗压强度平缓提高，但强度不大；1500~1530℃之间，样品的抗压强度基本不变，当温度为1550℃时，抗压强度有质的飞跃，达到了 66.82MPa，这是由于组成中产生了液

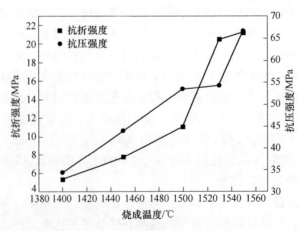

图 5-8　烧成温度对强度的影响

相，致使样品致密化，提高了机械强度。

重烧后线变化反应了样品在高温时使用性能，通过样品在1500℃的线变化率来定量研究产品形状的可控程度以及固相反应的进行程度，进而定性研究样品的理化指标。

图5-9是制品在1500℃的重烧线变化曲线，1500℃之前制取的样品其重烧线变化率较大，在0.09%以上且制品在膨胀；1500℃后制取的样品，其重烧线变化率急剧降低，表明在此阶段温度、系统内物相趋于稳定，并没有新的物相或同质异构晶体结构的物质转换，固相反应进程趋于完成，变化趋于平缓。总的来说，随着烧成温度的增加，试样趋于致密。1530℃时制备的样品相较于1500℃制备的样品，其体积稳定性更好，且递变程度更大，重烧线变化率为0.066%，而1500℃时的样品其重烧线变化率为0.096%，较为接近0.1%（GB/T 2988—2004，LZ-65），因此以1530℃作为高铝砖烧成温度，最大程度地降低了烧成温度，保证样品性能的同时，也在一定的程度上降低了能耗。

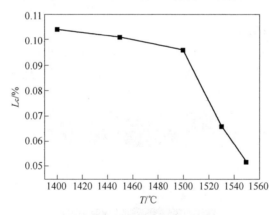

图5-9　样品的重烧线变化

为了研究制品的高温承重能力，将其制成$\phi50\times50$mm标准样，检测其在0.02MPa压力下的荷重软化开始温度，其表明样品在一定的荷重条件下，抵抗高温和载荷的能力[18]。实验采用示温-升温法检测高铝砖的开始软化温度，即在2kg/cm²荷重下测定其软化变形温度，自膨胀最大点压缩试样高度的0.6%变形的相应温度。其结果见图5-10。

样品在低温时没有发生变形，当温度升高时，变形逐渐凸显。系统物质不纯导致在400℃就开始有细微的变形出现，但开始较为平缓，1000℃之后，变形较为明显，变形温度区间较广。主要是由于基质在高温下形成熔体，在此系统中基质为铝酸钙，高温后黏度较大，而且温度越高，其黏度降低的速率越慢[19]，故变形温度较宽。试样膨胀最大温度为1470℃，荷重软化开始温度为1516℃，在600~800℃时试样变形明显，且圆柱形试样中部有肉眼可见的向外鼓起。玻璃相形成温度较早，但并不影响产品的实际使用。荷重软化测试后试样见图 5-11。从图中可以看出样品并没有明显的变形。

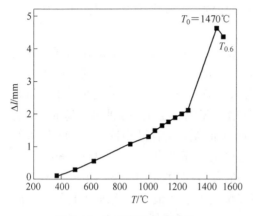

图 5-10　产品荷重软化曲线

图 5-11　荷重软化测试后样品

5.3.2.4　产品及形貌分析

经探索，在（−3+1mm）∶（−1mm）＝ 6∶4、酚醛树脂外加量为 3.5%、烧成温度 1530℃、保温时间为 2h 的条件下，制备出高铝砖条形试样，见图 5-12。

图 5-12　高铝砖外观图

对标准样品的检测结果见表 5-3。

表 5-3　产品检测报告

序 号	项　　目	样品名称	
		HAR	LZ-65
1	$w(Al_2O_3)$ /%	74.11	≥65
2	显气孔率/%	11.30	≤23
3	抗压强度/MPa	54.26	≥45

序 号	项 目	样品名称	
		HAR	LZ-65
4	荷重软化温度/℃	1512	≥1500
5	加热永久线变化（1500℃×2h）/%	0.065	0.1~0.4
6	耐火度/℃	>1790℃	

经检测，由高铝渣制备的高铝砖（HAR）达到 LZ-65 所使用标准。显气孔率远低于 LZ-65 要求，产品致密度良好。加热永久线变化为 0.065%，说明产品在高温使用过程中会有轻微的膨胀，这是由于样品中基质在高温条件下产生了熔体，蠕动导致形体发生轻微的膨胀，这是耐火材料的一种属性，与组成结构有关。耐火度大于 1790℃，可满足高温行业的应用。

采用 X 衍射分析了样品的物相组成，从图 5-13 可以看出，主要衍射峰为镁铝尖晶石、铝酸钙，主晶相为 $MgAl_2O_4$，作为高铝砖的骨架，次晶相为 $CaAl_2O_4$，即基质。镁铝尖晶石具有较大的体积密度，结构稳定，耐火性能良好[20]，具有良好的抗侵蚀、抗渣性、耐高温等性能[21]。作为高铝砖的主晶相，保证了其有着较好的物理性能，而且高温使用时，具有其他材料不可比拟的抗剥落性和抗侵蚀能力。铝酸钙在高温时具有一定的黏性[22]，填充在尖晶石骨架中，强化高铝砖的整体性能。随着温度的升高，镁铝尖晶石的衍射峰得到强化，这与理化性能测试的结果吻合；在 1530℃时产生了二铝酸钙，具有较高的耐火温度，也保证了高铝砖的致密性。

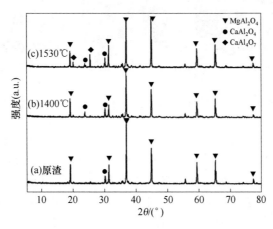

图 5-13 高铝砖的 X 衍射图谱

将高铝砖切片制成合适的样品，在偏光显微镜下观察到如图 5-14 所示的矿物相图。图 5-14（a）、（c）中有着闪亮光泽的为镁铝尖晶石，可以明显的看出在高温作用下，镁铝尖晶石的晶粒较为完整，尺寸较大，结构紧密，呈簇状；在其周围分布着颜色稍微暗淡的基质，为铝酸钙系列物相。图5-14（b）、（d）是局部放大图，表面是凹凸不平的，有着明显的孔洞，但孔分布不甚均匀，大小不一，这可能会影响高铝砖强度分布不均一。但铝酸钙填充并包裹着尖晶石的结构是高铝砖具有较好的力学性能和高温性能的基础。

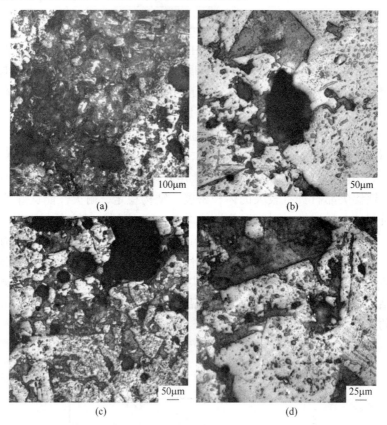

图5-14　不同放大倍数高铝砖（HAR）的光学显微镜像图

　　高铝砖之所以具有较多优质性能，源于其主晶相镁铝尖晶石和基质铝酸钙的相互结合。利用扫描电镜对其微观结构作简要的分析。如图5-15（a）所示，这是高铝砖微观整体图，展现的是沟壑不平的，带有诸多孔洞的块状物体。孔尺寸大小不一，有的孔可达0.5mm，肉眼可见，这与偏光显微镜的结果一致。但总的来说可分为两个部分：致密区和孔结构。从其中选取致密区域和孔结构两处，对其进行EDS分析，如图5-15（b）、（c）所示。图5-15（b）是典型的孔结构，在空内壁点缀着颗粒状物，这是物质在高温冷却过程中产生的，经EDS分析得知组成孔壁结构的是铝酸钙，次晶相固结成孔结构，最大地减少了其对材料性能的不利影响；图5-15（c）是致密区的放大图，从图上可以看出其表面光滑，说明物相单一，结构致密，EDS分析得知组成致密区的是镁铝尖晶石，作为骨架支撑体，使得整体具有较高的高温性能。图5-15（d）、（e）可以看出高铝砖内部有一定程度的疏松孔状结构，并有凸起，这是耐火材料中较为常见的。

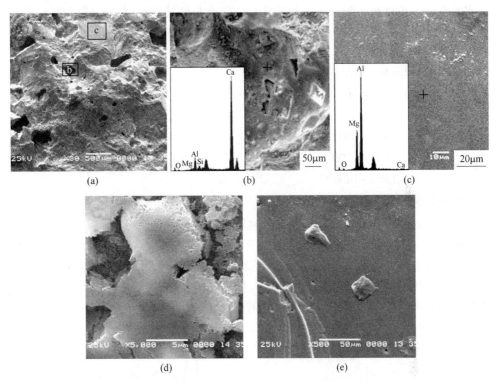

图5-15 不同倍数下高铝砖（HAR）扫描电镜图和EDS能谱

5.4 发泡法制备高铝轻质耐火材料

5.4.1 实验方法

5.4.1.1 工艺流程

采用图5-16所示的工艺流程，主要包括破碎、粉磨、发泡、可塑成型、养护、烧结等。

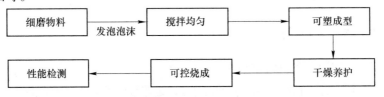

图5-16 发泡法制备轻质耐火材料的工艺流程图

　　实验原料高铝渣为致密性块状，硬度较大，用颚式破碎机粉碎后经球磨机磨细至实验所需粒度。将发泡剂发泡后加入浆料，搅拌使料浆产生膨胀，并加入稳泡剂，稳固已形成的气泡，并防止颗粒的脱附。发泡剂（SDBS）加入一定比例的水，在磁力搅拌机上搅拌出大量泡沫后，将之与细粒物料混合，同时加入矿化剂、稳泡剂（PAM），并继续搅拌，之后的样品经模具浇注成型，自然干燥后脱模。胚体自然干燥24h，然后移至烘箱，初期5h×50℃，后期7h×110℃。按如下特定烧结制度烧结，并在烧成温度保温2h。

烧结制度：室温~300 ℃　　　　系统自设
　　　　　　300~700 ℃　　　　5℃/min
　　　　　　700~1000℃　　　　4℃/min
　　　　　　1000~1300℃　　　　3℃/min
　　　　　　1300~1400℃　　　　2℃/min

5.4.1.2　物料粒度

采用激光粒度分析仪分析高铝渣原料颗粒的粒度分布。

　　图5-17是物料的粒度分布曲线。从图中可以看到粒径主要集中在200μm以下，占80%左右，这样保证了颗粒被泡沫附着，不易脱落。d_{50}为57.57μm，粒度分布图形状不规则，不是正态分布，粒度分布范围较大，说明该样品高铝渣中的颗粒分布不均匀，可能是样品聚集成团所造成。

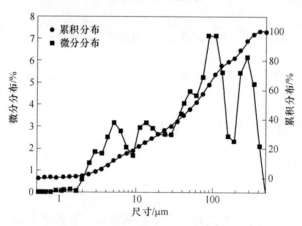

图5-17　物料的粒度分布曲线

5.4.2　工艺参数对材料性能的影响

5.4.2.1　SDBS添加量对材料性能的影响

　　SDBS是十二烷基苯磺酸钠，起泡能力强，是非常出色的阴离子表面活性剂[23,24]。采用SDBS作为发泡剂，其添加量对材料性能的影响如图5-18、图5-19所示。

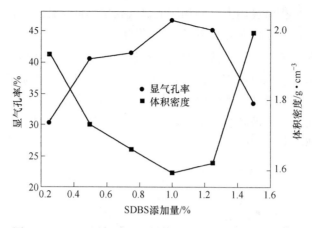

图 5-18 SDBS 添加量对试样体积密度和显气孔率的影响

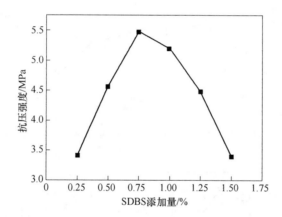

图 5-19 SDBS 添加量对试样抗压强度的影响

加入了泡沫之后的料浆可以看成是一种以气泡为中心，气液界面上附着 SDBS 和 PAM 分子，液膜中分布着高铝渣和氧化锌颗粒的结构。料浆在搅拌过程中，空气随之进入并产生气泡从而形成新的界面，当新的表面吸附了 SDBS 分子，致使气液界面表面张力降低[25]。根据表面张力与气泡稳定性之间的关系可知，低的表面张力将会提高气泡的稳定性。提高 SDBS 的浓度便会增加 SDBS 分子在气液界面上的吸附量。在 SDBS 浓度一定时，气液界面的表面张力降至最低，泡沫的稳定性最好。当 SDBS 含量从 0.25% 增加到 1% 时，试样的体积密度从 1.93g/cm³ 降至 1.59g/cm³、显气孔率从 30.31% 增加到 46.67%、抗压强度从 3.42MPa 增加至 5.19MPa，变化趋势是吻合的。当 SDBS 浓度继续增大时，其在新的气液界面上的吸附量已趋于饱和，表面张力已经最小，此时多余的 SDBS 分子反而会使得料浆的黏度增大，将导致泡沫稳定性变差。从宏观上来看，样品的抗压强度降低、体积密度增大，而相应的显气孔率降低，样品趋向于致密。

5.4.2.2　H₂O 添加量对材料性能的影响

从制备过程中可以看出，共混泥浆的性能是制备工艺的关键。水含量的多少影响着料浆的浓度，也决定着单位面积 SDBS 分子吸附量、料浆黏度流动性的好坏。而发泡剂的发泡能力受制于上述因素，从而会影响后期样品的孔结构和性能。料浆黏度越低，气泡越容易形成，但其稳定性越差。H₂O 添加量对材料性能的影响见图 5-20、图 5-21。

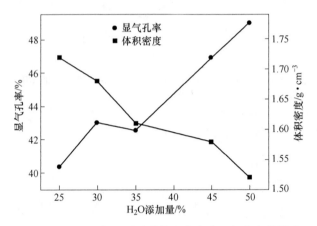

图 5-20　H₂O 添加量对试样体积密度和显气孔率的影响

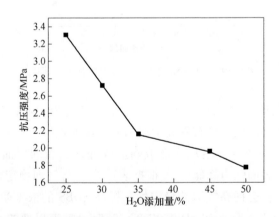

图 5-21　H₂O 添加量对试样抗压强度的影响

由图 5-20、图 5-21 可知，随着加水量的增加，试样的显气孔率呈增加的趋势（从 40.42% 变化到 49.05%）、体积密度减小（从 1.72g/cm³ 减小到 1.52g/cm³）、抗压强度逐渐降低（从 3.30MPa 降至 1.77MPa）。可能因为当加水量增大时，料浆具有良好的流动性、低的黏度，将包裹着大量不稳定的气泡，致使样品疏松，强度便会降低。当加水量为50%时，试样强度极低。随着加水量的增加，料浆黏度降低了，泡沫的稳定性得不到保障。水量的增加也延长了样品的干燥周期，不稳定的泡沫在泥浆中的时间越长，坯体的稳定性就越低，在干燥过程中可能会出现开裂或坍塌等现象；成型干燥后，试样收缩大，容易出现层裂现象，也会造成试样耐压强度的降低。

5.4.2.3 PAM 添加量对材料性能的影响

PAM 全名为聚丙烯酰胺，为大分子有机絮凝剂[26,27]。为了延长泡沫的时效性，增加发泡剂的能力，采用 PAM 作为稳泡剂，提高气泡稳定性，延长泡沫破灭周期，其添加量对材料性能的影响见图5-22。

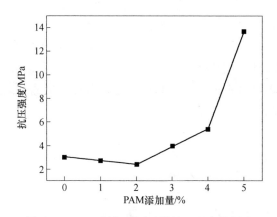

图 5-22 PAM 添加量对试样抗压强度的影响

由图5-22可知，随着 PAM 添加量的增加，试样的耐压强度有所提高，这是因为 PAM 的絮凝作用增加了料浆的黏度，使试样具有更好的结合力，这样保证了试样烧结后的强度，达到13.67MPa。一方面，PAM 能够提高料浆的黏度，降低泡沫流动性，提高液膜附着力，具有明显的稳泡能力。但使用 PAM 时，料浆黏度较大使得搅拌难以进行，料浆混合不均匀，同时限制了 SDBS 的发泡量，因此样品趋于致密性，其容重明显增加，显气孔率降低。

5.5 可燃物加入法制备高铝轻质耐火材料

采用锯木屑、泡沫塑料球等可燃物或可升华添加物引入气孔的方法被称为可燃物加入法制备轻质耐火材料，是轻质耐火材料主要的生产方法。

5.5.1 实验方法

聚苯乙烯是无色透明塑料，在正常条件下，聚苯乙烯是非晶态无规聚合物，烧后会有刺激性气味放出[28,29]，密度为 1.05g/cm³，玻璃化温度为 80~90℃，熔融温度为240℃，降解温度为280℃，因此在升温过程中，聚苯乙烯小球将完全燃烧而被排出，在原位产生气孔。将聚苯乙烯小球与高铝渣按体积比（0.8、0.9、1.0、1.1、1.2）混合均匀，加入一定量的水分、矿化剂（ZnO）、黏结剂充分混匀制成料浆，采用浇筑的形式注入到模具中成型，自然干燥12h后脱模，将样品转移到110℃鼓风干燥箱养护24h。按特定温度制度进行烧成。观察烧后试样的外观，反应烧结过程中形状的稳定性和可控性。检测试制样品的体积密度、显气孔率、抗压强度等物理性能，判断其制备轻质耐火材料的可行性。

　　耐火材料行业中所谓的温度制度是指升温速率、保温温度、保温时间以及冷却速率。温度和升温速度是决定耐火材料制品烧结性能的最终条件[30,31]。一般来说，在一定条件下，烧结性能随着温度升高而提升，但有时过高的烧成温度会产生二次再结晶现象[32~35]。因此合理的温度制度是制备耐火材料的关键。为了除去添加物，在低温阶段保温，设计两种温度制度，通过对比不同温度制度下制品的性能，来选择合适的温度制度。

　　采用如图5-23所示的两种温度制度，分别对同样制备条件下的两种样品进行试烧，其结果如表5-4所示。

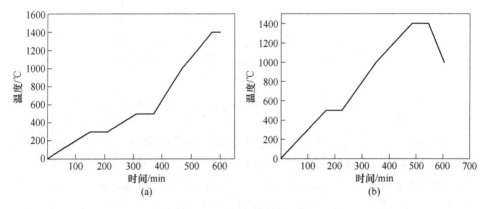

图 5-23　温度制度的比较

表 5-4　两种不同温度制度下样品性能的比较

	显气孔率/%	体积密度/g·cm⁻³	抗压强度/MPa
图 5-23（a）	52.08	1.57	8.24
图 5-23（b）	56.90	1.48	7.69

　　图5-23（a）的特点是：在0~300℃以2℃/min升温、300℃保温1h；300~500℃以2℃/min升温、500℃保温1h；500~1000℃以5℃/min升温；1000~1400℃以3℃/min升温；1400℃保温30min；之后随炉冷却降温。图5-23（b）的特点是：在0~500℃以3℃/min升温、500℃保温1h；500~1000℃以4℃/min

升温；1000~1400℃以 3℃/min 升温；1400℃保温 1h；之后以 -3℃/min 的速率降温。从烧后样品的外观来看，1 号样品收缩较大，有的出现空洞和坍塌，趋向于致密性；2 号样品收缩相对较小，外形较好。对照表 5-4 可以看出，1 号样品具有相对高的体积密度，这可能是由于在低温阶段，水分的排出能力相似但排出时间较 2 号样品长久，同时泡沫小球在此阶段萎缩，致使 1 号样品有着较大幅度的收缩。因此在初期低温阶段提高升温速率，减少因水分排出产生的应力，在 500℃保温 1h 保证泡沫小球的完全燃烧而被除去。图 5-23（b）的温度制度在中温阶段，即 500~1000℃之间降低了升温速率，不仅巩固了低温阶段试样骨架的强度和形状，而且此阶段物相会有所变化和形成，保证晶体的生长完整。根据前期的实验工作，烧成温度设定为 1400℃，保温时间缩短至 30min，这样样品不仅可以充分烧结，而且减少了因延长保温时间而导致的样品大幅度收缩。同样在冷却阶段，2 号样品采用慢速度冷却，稳固晶体生长，减缓液相固结的速率。

5.5.2 小球占比对材料性能的影响

5.5.2.1 小球占比对试样体积密度的影响

原料质量相同时，小球的添加量越多，试样的体积越大，其体积密度相对就小。因此随着聚苯乙烯小球占比增大，理论上可以预见：其显气孔率呈增大的趋势，相应的体积密度减小。其结果如图 5-24 所示。

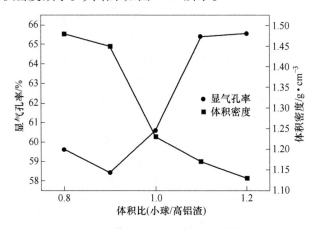

图 5-24 小球与高铝渣体积比对试样体积密度和显气孔率的影响

图 5-24 直观地反映出体积密度以及显气孔率的变化趋势：显气孔率整体呈增大的趋势，体积密度减小。从数值来看，体积密度变化范围为 1.13~1.48g/cm³，幅度较大；显气孔率变化幅度相对较小，范围为 58.44%~65.56%。可能是由于试样的变形收缩致使两者的变化幅度有所出入。物料在烧成过程中会发生一系列化学反应，制品组织因反应致实致密而引起收缩。此外，聚苯乙烯小球的

加入会导致气孔分布不均匀，在升温过程中，气孔会封闭起来，形成闭气孔。显气孔率出现反常现象（体积占比 0.8 和 0.9），可能是工艺差异导致的。在体积占比小于 1 时，体积密度和显气孔率变化平缓，当体积占比大于 1 时，体积密度和显气孔率变化较大，说明大比例添加小球可以显著降低试样体积密度，但此时试样外形收缩较大，已渐渐不可控，出现大幅度收缩以及干燥初期的坍塌。

5.5.2.2　小球占比对试样抗压强度的影响

通常抗压强度与试样的容重和气孔率存在着反向关系。由图 5-25 可知，试样抗压强度随着聚苯乙烯小球添加量的增多而呈现出降低的趋势。这可由前期气孔率的变化趋势得到验证：力学性能会随着气孔率的增加而有所减弱。通常材料内应力会集中在气孔或孔隙周围[36,37]，当外界压力过高时，首先会在气孔周围出现裂痕，继而扩大，降低材料的强度[38]。

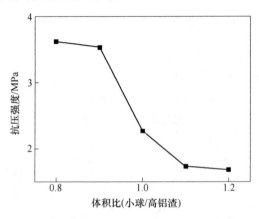

图 5-25　小球与高铝渣体积比对试样抗压强度的影响

聚苯乙烯小球添加量较小时，抗压强度变化不明显，平缓减少。体积占比从 0.9 到 1.0 时，抗压强度明显降低，是由于样品的体积密度减小，气孔较多，应力集中，在作用力较小的状况下而碎裂。体积占比为 1.2 时，其抗压强度为 1.68MPa，试样的承重能力明显不足，只能作为非承重的内衬或隔层。

5.5.2.3　小球占比对试样重烧线变化的影响

重烧线变化是耐火制品在高温条件下，其尺寸（或体积）发生的不可逆变化的量度[39]。通常情况下，耐火制品在高温使用中，由于杂质或其他因素都可能有进一步烧结和物相的重结晶变化，进而产生烧结过程中的体积效应，产生了在重烧中出现的残余收缩或膨胀。

图 5-26 可以看出，试样的重烧线变化率是先增大后降低的，但总体趋势是收缩的。由于烧成温度和重烧温度一样，试样的重烧收缩受物相变化影响的可能

性较小，主要是由于试样气孔的破裂致使样品有着轻微程度的收缩。总体上来看，其线变化率较小，收缩范围在 0.03% 以下。

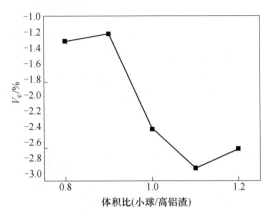

图 5-26 小球与高铝渣体积比对试样重烧线变化的影响

图 5-27 是 1400℃ 重烧前后样品的 X 射线衍射图，烧后样品主要以 $MgAl_2O_4$ 和 $CaAl_2O_4$ 为主，并存在着少量的杂质峰。重烧后样品杂质峰消失，主晶相并无明显的变化，说明重烧并没有对样品物相产生多大的影响，重烧线变化率主要是由于气孔的收缩以及骨架的物质迁移造成。适当的延长保温时间以及改善工艺可减小线变化率。

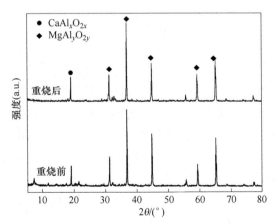

图 5-27 1400℃ 重烧前后样品 X 射线衍射图

5.5.3 材料物相组成及外观

5.5.3.1 物相组成

烧成温度会影响试样的物相组成。而物相组成决定着试样的理化性能。采用

X 射线衍射对原渣及烧成后样品进行分析。

　　图 5-28 是烧成后试样的 X 射线衍射图。其主要衍射峰与 PDF 卡 No. 23-1036、No. 21-1152 的镁铝尖晶石、铝酸钙一致，主晶相为 $MgAl_2O_4$，次晶相为 $CaAl_2O_4$。镁铝尖晶石具有较大的体积密度、结构稳定性以及较高的耐火度，作为试样的主晶相，保证了其有着较好的物理性能，而且高温使用时，具有其他材料不可比拟的抗剥落性和抗侵蚀能力。原渣中的 $CaAl_2O_4$ 峰并不明显，且有少量的 Al_2O_3 存在，在 1400℃ 烧结后，$MgAl_2O_4$ 峰得到加强，$CaAl_2O_4$ 峰出现。

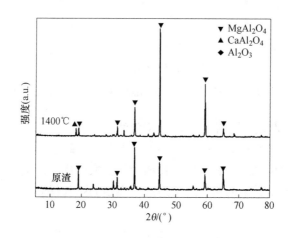

图 5-28　烧成后样品 X 射线衍射图

5.5.3.2　试样外观

　　图 5-29 是未经处理的烧后试样。从图中可以很明显的看出：试样疏松多孔，表面气孔密布。表面的浅绿色可能是由于聚苯乙烯小球燃烧后产生的气体作用于试样表面而形成的。整体来看，试样呈收缩趋势，物料在烧成过程中会发生一系列化学反应，制品组织因反应致实致密而引起收缩。但各向收缩比例相同，并没有发生因局部收缩率不同而引起的样品开裂现象。在试样边缘有大量的泡沫层，是聚苯乙烯小球在高温发生燃烧反应而产生大量的气体冲击制品所致，在低速升温的过程中，带出料浆，烧结形成泡沫层。

　　图 5-30 是试样经表面加工处理切割所得。可以看出，试样内部气孔大小均一，分布均匀。当聚苯乙烯小球在混合料浆时，不能充分混匀，那么在小球集中的位置烧后就会出现较大的孔，进而会影响试样的局部性能。此外试样存在着闭气孔，可能由于升温速率过快气泡没有足够的时间扩散到表面就留存在样品内部形成闭气孔，同时晶体生长过快也会形成闭气孔。

图 5-29 1400℃未经处理的试样表面

图 5-30 1400℃试样切割图

5.6 高铝预熔渣制备聚氯化铝

5.6.1 高铝预熔渣的特性分析

5.6.1.1 X 射线荧光光谱分析

对高铝渣原料进行 X 射线荧光光谱分析，结果见表 5-5，由表可知：高铝渣中主要组分含 Al_2O_3 47.23%、CaO 22.75%、MgO 4.861%，杂质组分 SiO_2 含量为 8.2%，TiO_2 含量为 4.472%，其他还有含量较少的 Fe_2O_3 杂质，含量为 0.646%。

表 5-5 高铝预熔渣的 XRF 分析结果

成　分	Al_2O_3	CaO	MgO	SiO_2	TiO_2	SO_3	F
质量分数/%	47.23	22.75	4.861	8.2	4.472	0.878	0.72
成　分	P_2O_5	Cl	K_2O	V_2O_5	Cr_2O_3	MnO	Fe_2O_3
质量分数/%	0.012	0.008	0.137	0.054	0.028	0.0797	0.646
成　分	CuO	SrO	ZrO_2	BaO	Na_2O	—	—
质量分数/%	0.007	0.03	0.0121	0.096	0.11	—	—

5.6.1.2 化学成分分析

采用化学成分分析方法对主要成分定量分析，结果见表 5-6，其中 Al_2O_3 含量为 56.89%，CaO 含量为 25.07%，MgO 含量为 2.66%。

表 5-6 高铝预熔渣化学成分检测报告

成　分	Al_2O_3	CaO	MgO	SiO_2
含量/%	56.89	25.07	2.66	1.77

5.6.1.3　X 射线衍射分析

由图 5-31 可知，图中各衍射峰的峰形狭窄尖锐、对称且峰值高，高铝预熔渣原料的主要衍射峰与 PDF 卡 No. 23-1036 的铝酸钙、No. 21-1152 的尖晶石一致，其化学式分别为 $CaAl_2O_4$、$MgAl_2O_4$，这也是高铝渣中含有的两种最主要的成分，总体可以看出，这种渣的组分较复杂。

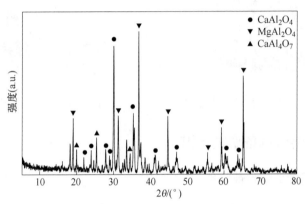

图 5-31　高铝预熔渣原料的 X 射线衍射图

5.6.1.4　光学显微镜分析

光学显微镜法是根据晶体的均一性和异向性，并利用晶体的光学性质而制定的一种鉴定、研究矿物的方法。为了研究矿物相的相互关系以及其他特征，以确定矿石、矿物成分等，将高铝预熔渣原矿（未破碎）切削、磨制成光片，在反射光下借显微镜以观察和测定矿物的晶形、解理等性质。

制作高铝预熔渣的光片：

（1）样品准备。选择有代表性的高铝预熔渣样品，先用切片机，将矿块切成略大于 2cm×1.5cm×1cm 的长方形矿石块，然后进行磨制。

（2）粗磨。将切下的矿石块放在磨片机上进行粗磨，选用 120 号~150 号金刚砂把矿石磨成 2cm×1.5cm×1cm 的长方形矿石光片，然后再用清水洗净。

（3）细磨。为了防止光片有疏松碎屑掉下，需进行细磨。在细磨前要用树胶胶结，再用 400 号~500 号金刚砂在细而平的铁盘上进行细磨，直到把粗磨痕迹磨去为止，而后用清水洗净，洗净后换用 800 号~1000 号的金刚砂进行研磨，直到把 400 号~500 号金刚砂细磨留下的痕迹磨去为止，用清水洗净。最后用氧化铝泥浆在玻璃板上精磨，磨到削除所有擦痕，使光片表面光滑有发光感觉时，再用清水洗净。

（4）抛光。将磨好的光片在抛光机上抛光。抛光时可根据矿物软硬程度不同，选择不同的磨料和抛光布。光片抛光后在清水中漂洗，再用干丝绒和鹿皮把光面轻轻擦干，切忌用手摸。

（5）编号。光片磨成之后，须立即编号，以免混淆。编号时，可先在光片的侧面或底面涂上白漆，然后以绘图墨水或黑、红油漆写上编号。这些工作做完后，即可供矿相显微镜观察、鉴定和研究。

将制作好的光片放在电动聚集透反两用偏光显微镜下观察，表面不是光滑的平面，而是有颗粒突起，见图5-32。

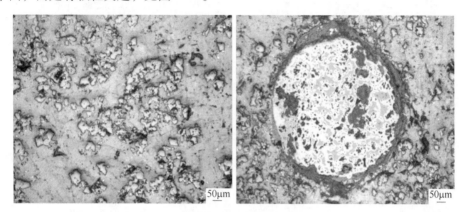

图5-32 高铝预熔渣原料的光学显微镜图

由图5-32可知，高铝预熔渣原料的光学显微镜图主要分成两部分，即合金区与非合金区，下面对这两部分分别进行分析。

由图5-33（a）、（b）可知，高铝预熔渣中存在一些合金相，而且合金相尺寸大小不一，小至几微米，大至几百微米，肉眼可见。

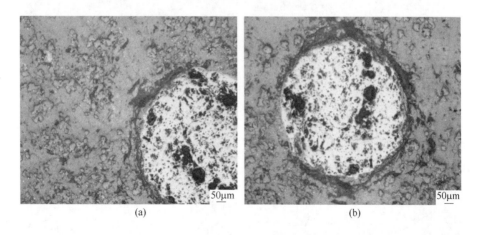

（a）   （b）

图5-33 高铝预熔渣中合金相的光学显微镜照片

由图5-34（a）~（f）初步判断：图片中细小突起颗粒是尖晶石，呈岛状分布，棱角分明；而铝酸钙则分布较广，并且由于铝酸钙与二铝酸钙的比例差别，使得区域颜色略有区别；另外图中有较多细小的亮点，为合金相。图 5-34（e）与图 5-34（f）线框中的部分呈长条状分布，具体成分分析在 5.6.1.5 节电子显微镜（SEM）分析中作详细说明。

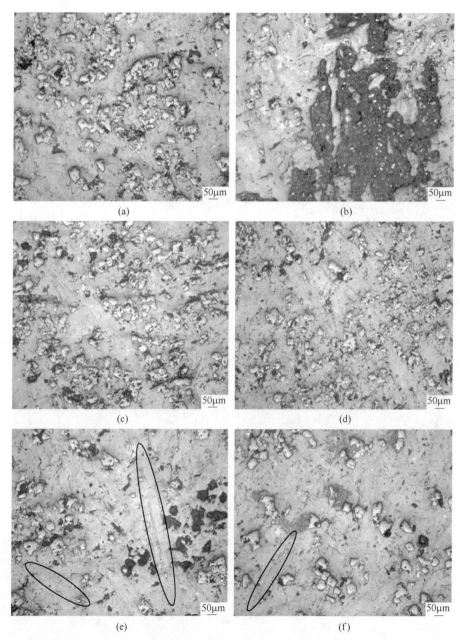

图 5-34　高铝预熔渣中其他组分的光学显微镜照片

5.6.1.5 电子显微镜（SEM）分析

A 分析高铝预熔渣中合金的微区化学成分

对图5-35（b）中合金部分进行微区化学成分分析，图5-36为高铝预熔渣合金相中所选微区的SEM和EDS图表，表中列出了所选微区的化学成分分析结果，曲线图中峰的数目与峰面积的大小反映了样品中化学元素的种类与含量的多少。图5-36说明所选亮区中，除了有Si、Ti、Fe富集外（34.89% Si，28.73% Ti，24.81% Fe），Al、Mn也出现一定程度的富集，由图5-36中的表可知，所选微区中主要成分是各类合金，主要包括硅钛铁合金等。

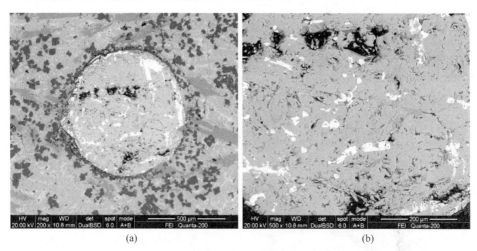

(a) (b)

图5-35 高铝预熔渣中合金相的扫描电镜照片

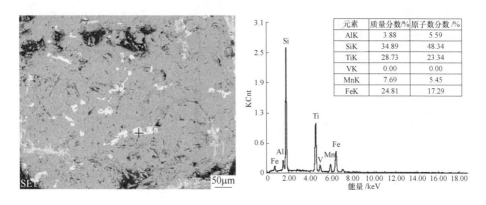

元素	质量分数/%	原子数分数/%
AlK	3.88	5.59
SiK	34.89	48.34
TiK	28.73	23.34
VK	0.00	0.00
MnK	7.69	5.45
FeK	24.81	17.29

图5-36 合金相中亮区的扫描电镜照片（背散射）

图5-37（a）~（c）为高铝预熔渣合金相中所选其他不同颜色微区的SEM、EDS图表。图5-37说明除亮区外，其他所选颜色不同区域，其合金中的化学成

分也存在差异，其中主要包括一些硅钛合金、硅钙铝合金等。

从对合金相的 SEM 以及 EDS 的分析可以看出，铁、钛、锰等元素主要以合金相的形式存在于高铝预熔渣中。

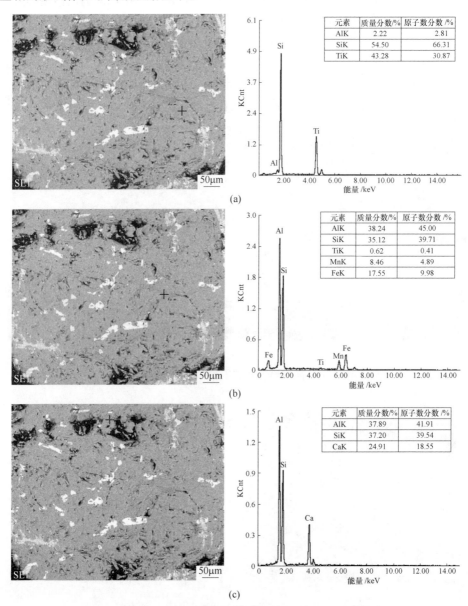

图 5-37 合金相中其他不同颜色区域的扫描电镜照片（背散射）

B 分析高铝预熔渣中非合金的微区化学成分

对图 5-38（b）中合金以外部分进行微区化学成分分析，结合图 5-39 的高铝预熔渣非合金相中所选黑灰色微区的 SEM、EDS 图。结果表明，在所选区域中，Al、Mg、O 富集，其含量分别达到 45.23%、18.09%、36.68%，说明此微区铝镁尖晶石有较高的富集，颗粒大小一般在 20~50μm。

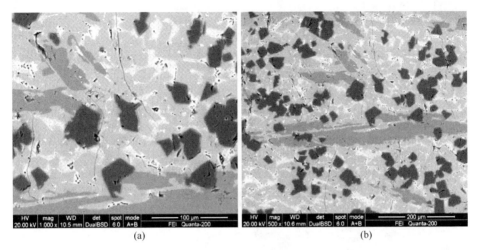

图 5-38　高铝预熔渣中非合金相的扫描电镜照片

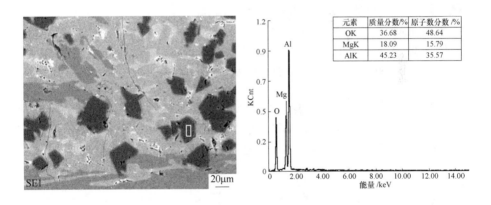

元素	质量分数/%	原子数分数/%
OK	36.68	48.64
MgK	18.09	15.79
AlK	45.23	35.57

图 5-39　非合金相中灰黑色部分的扫描电镜照片（背散射）

图 5-40 为高铝预熔渣非合金相中所选灰色及深灰色部分微区的 SEM、EDS 图表。图 5-40 说明所选区域中，Al、Ca、O 富集，但其含量略有差别，图 5-40（a）灰色微区 Al、Ca、O 含量分别达到 40.07%、26.87%、33.07%，深灰色呈长条形分布的区域中 Al、Ca、O 含量分别达到 48.86%、16.65%、34.49%，说明图 5-40 两个不同颜色的微区中主要存在铝酸钙的富集，但图 5-40（b）中可能是二铝酸钙含量较高导致了颜色略深。

图 5-41 为高铝预熔渣非合金相中所选灰白色微区的 SEM、EDS 图表。图

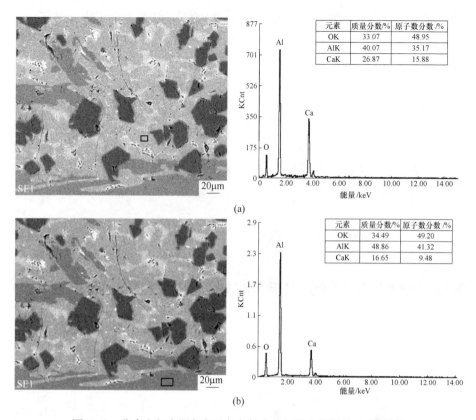

元素	质量分数/%	原子数分数/%
OK	33.07	48.95
AlK	40.07	35.17
CaK	26.87	15.88

(a)

元素	质量分数/%	原子数分数/%
OK	34.49	49.20
AlK	48.86	41.32
CaK	16.65	9.48

(b)

图 5-40 非合金相中深灰色及灰色部分的扫描电镜照片（背散射）

5-41 说明所选区域中，有 Al、Ca、Si、F、O 的富集，其含量分别达到 30.51%、34.82%、1.93%、2.94%、29.80%，通过分析次区域的化学成分及含量，判断此微区中除了有铝酸钙的富集外，可能还存在少量氟化钙、二氧化硅等物质。

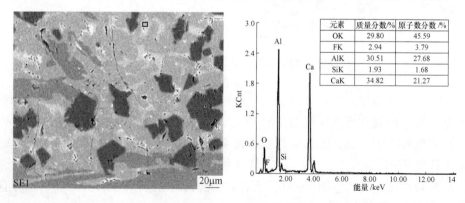

元素	质量分数/%	原子数分数/%
OK	29.80	45.59
FK	2.94	3.79
AlK	30.51	27.68
SiK	1.93	1.68
CaK	34.82	21.27

图 5-41 非合金相中灰白色部分的扫描电镜照片（背散射）

C 分析高铝预熔渣中其他合金的微区化学成分

图 5-42 为高铝预熔渣其他合金相的 SEM、EDS 图表。图 5-42 说明在高铝预熔渣中存在很多细小的合金相，这些合金相呈杂乱分布，通过积聚，融合成更大颗粒的合金。

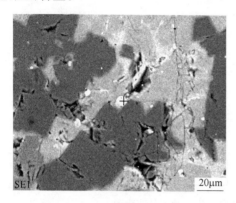
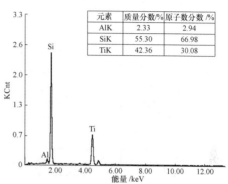

元素	质量分数/%	原子数分数/%
AlK	2.33	2.94
SiK	55.30	66.98
TiK	42.36	30.08

图 5-42 其他合金相的扫描电镜照片（背散射）

5.6.2 高铝预熔渣制备聚氯化铝

5.6.2.1 实验原理及方法

A 实验原理

a 高铝预熔渣中铝的溶出原理

铝酸钙中的氧化铝与盐酸进行反应，反应可分为溶出、水解、聚合三个过程。随着高铝预熔渣中铝的溶出以及 HCl 的消耗，使得溶液中 pH 值逐渐升高，促使配位水发生水解，水解产生的 HCl 又促进了铝的溶出反应。同时，在不断的水解过程中，两个相邻铝水解形态间又会发生架桥聚合，使得水解产物的浓度降低，结果又促使水解反应的进行。整个反应过程中，溶出、水解、聚合互相交替，使反应向着高铝浓度、高盐基度方向发展。以下是溶出、水解、聚合过程可能发生的反应：

溶出：$Al_2O_3+H^+\longrightarrow Al^{3+}+H_2O$; $\qquad Al+6H^+\longrightarrow Al^{3+}+H_2\uparrow$;

$$CaO+H^+\longrightarrow Ca^{2+}+H_2O$$

水解：$\qquad AlCl_3+H_2O\longrightarrow Al(OH)_mCl_n+H^+$

聚合：$\qquad Al(OH)_mCl_n\longrightarrow [Al_2(OH)_nCl_{6-n}\cdot xH_2O]_m$

b 聚氯化铝的制备原理

控制溶出液的 pH 值，是聚氯化铝制备过程中的最关键工艺。由于 Al 是一种两性金属，随溶液 pH 的变化，Al 盐溶液的存在状态将会表现出一定的变化规律。当溶出液中 pH 值小于 4 时，Al 的存在方式以水合离子状态为主；而当溶出液 pH 值升高时, 水合离子就会水解成单核单羟基化合物; 随着 pH 值逐渐升高, 单核单羟基化合物又被水解生成三核单羟基化合物, 并且各离子羟基间可能发生桥连作用, 生成多核羟基配合物, 也就是高分子聚合物。因此, 可以通过调节 pH 值来控制 Al 的形态, 也就是达到调盐基度的目的。

B　实验方法

a　工艺流程图

高铝预熔渣制备聚氯化铝的工艺流程如图 5-43 所示, 主要包括: 破碎、球磨、酸浸、固液分离 (过滤)、聚合 (调盐基度) 成液体 PAC。

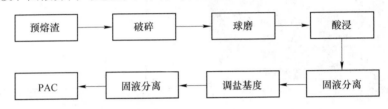

图 5-43　高铝预熔渣制备聚氯化铝的工艺流程图

b　氧化铝 (以 Al_2O_3 计) 含量的测定

(1) 方法提要。用硝酸将试样解聚, 在 pH 值为 3 时加过量的乙二胺四乙酸二钠溶液使 EDTA 与铝离子配合, 然后用氯化锌标准滴定溶液反滴定。

(2) 试剂和材料。1) 硝酸: 1+12 溶液; 2) 氨水溶液: 1+1; 3) EDTA: 约为 0.05mol/L 溶液; 4) 乙酸钠缓冲溶液 (pH 值为 5.5): 取乙酸钠 (三水) 272g 溶于水中, 加冰乙酸 19mL, 稀释成 1000mL; 5) 百里酚蓝溶液: lg/L 乙醇溶液; 6) 二甲酚橙指示液: 5g/L; 7) 氯化锌标准滴定溶液: $c(ZnCl_2) \approx$ 0.025mol/L。

(3) 分析步骤。称取约 13~14g 液体试样或 2.5~3g 固体试样, 精确至 0.2mg。用不含二氧化碳的水溶解, 移入 250mL 容量瓶中, 稀释至刻度, 摇匀。若稀释液浑浊, 用中速滤纸干过滤, 此为试液 A。

用移液管移取 10mL 试液 A, 置于 250mL 锥形瓶中, 加 10mL 硝酸溶液, 煮沸 1min, 冷却至室温后加 20.00mL 乙二胺四乙酸二钠溶液, 加百里酚蓝溶液 3~4 滴, 用氨水溶液中和至试液从红色到黄色, 煮沸 2min。冷却后加入 10mL 乙酸一乙酸钠缓冲溶液和 2 滴二甲酚橙指示液, 加水 50mL, 用氯化锌标准滴定溶液滴定至溶液由淡黄色变为微红色即为终点, 同时做空白试验。

(4) 结果计算。氧化铝 (Al_2O_3) 含量以质量分数 $w_1(\%)$ 表示, 按式(5-1) 计算。

$$w_1 = \frac{(V_0/1000 - V/1000)cM/2}{m \times 10/250} \times 100\% \tag{5-1}$$

式中　V_0——空白试验消耗氯化锌标准滴定溶液的体积，mL；

　　　　V——试样消耗氯化锌标准滴定溶液的体积，mL；

　　　　c——氯化锌标准滴定溶液的实际浓度的准确数值，mol/L；

　　　　m——试料的质量，g；

　　　　M——氧化铝的摩尔质量，g/mol，$M=101.96g/mol$。

（5）允许差：取平行测定结果的算术平均值为测定结果，平行测定结果的绝对差值：液体产品不大于 0.1%。

c　盐基度的测定

（1）方法提要。在试样中加入定量盐酸溶液，以氟化钾掩蔽铝离子，以氢氧化钠标准滴定溶液滴定。

（2）试剂和材料。1）0.5mol/L 盐酸标准溶液；2）0.5mol/L 氢氧化钠标准滴定溶液；3）10g/L 乙醇溶液；4）500g/L 氟化钾溶液（称取 500g 氟化钾，以 200mL 不含二氧化碳的蒸馏水溶解后，稀释至 1000mL，加入 2 滴酚酞指示液并用氢氧化钠溶液或盐酸溶液调节溶液呈微红色，滤去不溶物后贮于塑料瓶中）。

（3）分析步骤。移取 25.00mL 试液 A，置于 250mL 磨口瓶中，加 20.00mL 盐酸标准溶液，接上磨口玻璃冷凝管，煮沸回流 2min，冷却至室温。转移至聚乙烯杯中，加入 20mL 氟化钾溶液，摇匀。加入 5 滴酚酞指示液，立即用氢氧化钠标准滴定溶液滴定至溶液呈现微红色即为终点。同时用不含二氧化碳的蒸馏水作空白试验。

（4）结果计算。盐基度以 B（%）表示，按式（5-2）计算；

$$B = \frac{\dfrac{(V_0/1000 - V/1000)cM}{M}}{\dfrac{mw_1}{100} \times \dfrac{25}{250} \times \dfrac{0.5293}{8.994}} \times 100\% \tag{5-2}$$

式中　V_0——空白试验消耗氢氧化钠标准滴定溶液的体积，mL；

　　　　V——测定试样消耗氢氧化钠标准滴定溶液的体积，mL；

　　　　c——氢氧化钠标准滴定溶液的实际浓度的准确数值，mol/L；

　　　　m——试料的质量，g；

　　　　M——氢氧根［OH^-］的摩尔质量，g/mol，$M=16.99$；

　0.5293——Al_2O_3折算成 Al 的系数；

　8.994——［$\frac{1}{3}Al$］的摩尔质量。

（5）允许差。取平行测定结果的算术平均值为测定结果，平行测定结果的绝对差值不大于 2.0%。

5.6.2.2　探索试验

高铝预熔渣原料呈较大块状，不能直接进行溶出试验，必须先破碎及球磨处理。理论上，原料粒度越小越有利于铝的溶出，但是原料颗粒越细，意味着磨矿成本的增加，因此对于原料磨矿粒度的选择进行了探索性试验研究。

首先，试验采用颚式破碎机预先破碎，出料粒度为-15mm。达到球磨机入料粒度之后，再通过球磨机粉碎，球磨条件为矿样：钢球（质量比）= 1∶6，每次磨矿28kg，球磨时间设定分别为30min、45min、1h、1.5h。球磨完毕后，卸料封装。之后对这四种不同粒度原料进行相同试验条件下的酸浸试验，原料粒度分布及溶出效果见表5-7。

表5-7　不同粒度的原矿相同试验条件下的溶出率

粒度（mm）/%			溶出率/%
+0.38	-0.38 +0.15	-0.15	
28.20	21.38	49.90	50.31
14.00	20.20	65.24	57.92
2.31	11.22	85.79	63.07

粒度（mm）/%			溶出率/%
-0.15+0.074	-0.074+0.045	-0.045	
26.87	50.38	20.64	79.70

通过以上实验，发现在相同的实验条件下，溶出率随着磨矿粒度的减小而增加。这也与理论相符，原矿粒度越细，矿物之间解离度越高，增大了与盐酸反应的接触面积，从而提高了酸浸溶出率。

此外，还进行了较细颗粒原料（-0.074mm 80%以上）在一定试验条件下的试验，试验结果产生的溶出物出现难过滤现象，且此原料易团聚结块，磨矿成本也有所增加。

因此确定下一步正交试验选用原矿粒度为-0.074mm占80%，即球磨1.5h的原矿。

5.6.2.3　正交试验

为了提高氧化铝的溶出率，需优化酸溶浓度、酸溶比、酸溶时间、酸溶温度四个因素，以达到最佳的反应条件。

A　盐酸浓度和用量

（1）酸溶比。氧化铝的溶出率随酸溶比增加而增加，溶出液的盐基度则随酸溶比的增加而减少。如果酸溶比过高，溶出液不经过处理时无法测量盐基度，而需通过煮沸处理除去游离酸，这无疑将造成原料的浪费，所以试验中酸溶比初步确定在4.3以内。

（2）盐酸浓度。氧化铝的溶出率随盐酸浓度的增高会有所提高，但是盐酸浓度大于20%之后，挥发量大大增加，对操作、环境、溶出率均产生不利影响；

浓度太低时，一方面氧化铝溶出率降低，另一方面氧化铝浓度也相应降低，使产品中的氧化铝含量达不到产品标准。

B 溶出温度与时间

（1）溶出温度。高铝预熔渣中氧化铝与盐酸的反应产生放热现象，但是反应放热时间较短，所以溶出过程必须进行适当的加热，低温对反应不利，温度升高，溶出率增加。因为铝的溶出主要靠扩散作用，高温有利于扩散。同时考虑到盐酸溶液的最高沸点是108.6℃（浓度20.22%），温度过高盐酸挥发越快，所以在大部分方案中确定溶出温度为90℃左右。

（2）溶出时间。氧化铝溶出率随反应时间的增长而增加，由于反应较快速，暂定溶出时间为2.0h。当然根据实际生产情况，可以缩短或者延长一定的时间。

为提高高铝预熔渣中铝矿物铝酸钙及尖晶石中氧化铝的溶出率，改进实验方案，设计了正交试验共9组。试验步骤如下：称取高铝预熔渣原料25.00g，放入四口烧瓶中，按设计方案（表5-8）加入盐酸，将四口烧瓶置于磁力搅拌器上，搅拌速度1000r/min，升温至设计温度，反应数小时；冷却、抽滤，得到溶出液和尾渣；滤液称量、检测结果见表5-9，然后计算溶出率结果，见表5-10；滤渣留存备用。

表5-8 正交试验水平设计表

因素	酸溶浓度/%	酸溶比	酸溶时间/h	酸溶温度/℃
1	20	3.4	1.0	85
2	22	3.7	1.5	90
3	24	4.0	2.0	95

表5-9 溶出液以及原料参数

试验号	液质量/g	渣质量/g	Al_2O_3含量/%	原料质量/g	原料中 Al_2O_3含量/g
1	205.27	8.83	5.09	25.00	14.22
2	208.25	10.00	5.04	25.01	14.23
3	279.38	7.49	3.96	25.00	14.22
4	181.34	8.82	6.09	25.00	14.22
5	200.50	8.94	5.63	25.01	14.23
6	215.67	9.77	4.94	25.00	14.22
7	169.23	10.09	6.47	25.00	14.22
8	181.70	9.09	6.08	25.00	14.22
9	195.81	9.36	5.67	25.01	14.23

表 5-10　正交试验结果列表

试验号	酸溶浓度/%	酸溶比	酸溶时间/h	酸溶温度/℃	溶出率/%
1	20	3.4	1.0	85	73.46
2	20	3.7	1.5	90	73.77
3	20	4.0	2.0	95	77.80
4	22	3.4	1.5	95	77.64
5	22	3.7	2.0	85	79.26
6	22	4.0	1.0	90	74.91
7	24	3.4	2.0	90	77.00
8	24	3.7	1.0	95	77.61
9	24	4.0	1.5	85	77.96
均值 1	75.008	76.031	75.327	76.895	—
均值 2	77.272	76.880	76.456	75.222	—
均值 3	77.520	76.888	78.017	77.683	—
极差	2.512	0.857	2.690	2.461	—

5.6.2.4　优化试验

针对正交试验的结果，发现上述试验中可能出现酸过剩的情况，因此确定进行最低及最高条件试验，试验条件及溶出结果如表 5-11、表 5-12 所示。

表 5-11　最低及最高条件试验结果

试验号	酸溶浓度/%	酸溶比	酸溶时间/h	酸溶温度/℃	溶出率/%
D	20	3.0	1.0	85	73.45
G	24	4.0	5.0	100	80.70

表 5-12　溶出液以及原料参数

试验号	液质量/g	渣质量/g	Al_2O_3 含量/%	原料质量/g	原料中 Al_2O_3 含量/g
D	173.82	10.03	6.01	25.00	14.22
G	198.76	8.94	5.78	25.00	14.22

通过探索试验进一步论证，盐酸酸浸提取高铝预熔渣中的氧化铝，只能提取原料铝酸钙中的氧化铝，而尖晶石因其良好的化学性能，并不与盐酸发生反应。因此，降低酸溶比，重新确定正交试验方案，见表 5-13。正交优化试验结果见表5-14，溶出液以及原料参数见表 5-15。

表 5-13　正交优化试验水平设计

因　素	酸溶浓度/%	酸溶比	酸溶时间/h	酸溶温度/℃
1	20	2.70	1.0	85
2	22	2.85	1.5	90
3	24	3.00	2.0	95

表 5-14 正交优化试验结果列表

试验号	酸溶浓度/%	酸溶比	酸溶时间/h	酸溶温度/℃	溶出率/%
1	20	2.70	1.0	85	77.78
2	20	2.85	1.5	90	77.65
3	20	3.00	2.0	95	78.43
4	22	2.70	1.5	95	78.88
5	22	2.85	2.0	85	76.03
6	22	3.00	1.0	90	77.10
7	24	2.70	2.0	90	77.28
8	24	2.85	1.0	95	80.85
9	24	3.00	1.5	85	76.83
均值 1	77.953	77.980	78.577	76.880	—
均值 2	77.337	78.177	77.787	77.343	—
均值 3	78.320	77.453	77.247	79.387	—
极差	0.983	0.724	1.330	2.507	—

表 5-15 溶出液以及原料参数

试验号	液质量/g	渣质量/g	Al_2O_3 含量/%	原料质量/g	原料中 Al_2O_3 含量/g
1	165.49	7.81	6.69	25.00	14.22
2	205.38	8.55	5.38	25.01	14.23
3	179.92	7.27	6.20	25.00	14.22
4	203.68	7.56	5.51	25.01	14.23
5	237.76	9.04	4.55	25.00	14.22
6	187.65	9.11	5.85	25.00	14.22
7	178.34	9.03	6.17	25.03	14.24
8	185.61	7.93	6.19	25.00	14.22
9	195.81	9.06	5.58	25.00	14.22

根据正交优化试验结果得出最优条件如表 5-16 所示。

表 5-16 正交试验得出的最优条件

因素	酸溶浓度/%	酸溶比	酸溶时间/h	酸溶温度/℃
最优水平	20	2.85	1.0	95

5.6.2.5 验证试验

称量高铝预熔渣原料 25.02g，放入四口烧瓶中，按酸溶比 2.85 加入 20%的盐酸 155.86mL。将四口烧瓶置于磁力搅拌器上，搅拌速度 1000r/min，升温至 95℃左右保温反应 1h 后，停止搅拌。取出反应产物，冷却过滤，称量溶出液重量，测量氧化铝含量，计算溶出率结果见表 5-17，尾渣烘干称重保存。

表 5-17 溶出液 RCY-1 参数

编 号	溶出液质量/g	Al_2O_3 含量/%	Al_2O_3 溶出率/%
RCY-1	172.50	6.92	83.93

将溶出液 RCY-1 移入四口烧瓶，放置于磁力搅拌器上，搅拌速度为 1000r/min。称取高铝预熔渣原料 15.01g 分批次投入溶出液中，同时对溶出液加热升温，温度控制在 95℃，反应时间为 2.5h。待高铝预熔渣反应完全后，取出反应产物，冷却后过滤得到淡黄色产品（PAC-1），质量为 166.35g，得到尾渣 4.95g。对产品 PAC-1 进行检测，得到的结果见表 5-18。

表 5-18　产品 PAC-1 检测报告（按 GB/T 22627—2008 检测）

序　号	元素项目/结果	样品名称	
		PAC-1	指标（液体）
1	氧化铝的质量分数/%	8.64	≥6.0
2	盐基度/%	66.41	30~95
3	密度（20℃）/g·cm^{-3}	1.27	≥1.10
4	不溶物的质量分数/%	0.05	≤0.5
5	pH 值（10g/L 水溶液）	4.00	3.5~5.0
6	铁（Fe）的质量分数/%	0.06	≤2.0
7	砷（As）的质量分数/%	<0.001	≤0.0005
8	铅（Pb）的质量分数/%	<0.001	≤0.002

如表 5-18 可知，产品 PAC-1 的相应指标均达到了国家标准要求。

5.6.3　扩大试验及产品应用

5.6.3.1　扩大试验流程图

高铝预熔渣制备聚氯化铝的流程图如图 5-44 所示。

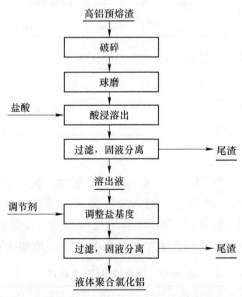

图 5-44　高铝预熔渣制备聚氯化铝的流程图

5.6.3.2 扩大试验

A 扩大试验一

将高铝预熔渣原矿经颚式破碎机破碎及筒形球磨机球磨后，封袋装料。称取原料 10.57kg 投入 100L 搪瓷反应釜后，加入工业副盐酸（浓度 20%）65.88kg，启动电动机搅拌，向反应釜夹套中通入自来水后，启动加热装置，升温至 95℃，反应 2.0h，卸料得到溶出物共 76.13kg。冷却之后，用板框压滤机过滤得到滤液 55.26kg，检测滤液 Al_2O_3 含量为 6.34%。得到未干燥尾渣 25.66kg。

将酸浸试验中的滤液投入 100L 搪瓷反应釜，启动电动机搅拌，向反应釜夹套中通入自来水后，启动加热装置，升温至 95℃，加入调节剂 5.5kg，反应 2.0h，最后得到反应产物共 62.86kg。用板框压滤机过滤得到产品液体 PAC 共 44.72kg，编号 PAC-2，检测产品指标，结果见表 5-19，所有检测指标符合国标要求。

表 5-19　产品 PAC-2 检测报告（按 GB/T 22627—2008 检测）

序号	元素项目/结果	样品名称	
		PAC-2	指标（液体）
1	氧化铝的质量分数/%	7.03	≥6.0
2	盐基度/%	64.71	30~95
3	密度（20℃）/g·cm⁻³	1.20	≥1.10
4	不溶物的质量分数/%	0.05	≤0.5
5	pH 值（10g/L 水溶液）	3.56	3.5~5.0
6	铁（Fe）的质量分数/%	0.121	≤2.0
7	砷（As）的质量分数/%	<0.001	≤0.0005
8	铅（Pb）的质量分数/%	<0.001	≤0.002

B 扩大试验二

将高铝预熔渣原矿经颚式破碎机破碎及筒形球磨机球磨后，封袋装料。称取原料 10.78kg 投入 100L 搪瓷反应釜后，加入工业副盐酸（浓度 20%）66.36kg，启动电动机搅拌，搅拌速度 50r/min，向反应釜夹套中通入自来水后，启动加热装置，升温至 90℃，反应 3.0h，卸料得到溶出物共 73.12kg。冷却之后，用板框压滤机过滤得到滤液 51.80kg，检测滤液 Al_2O_3 含量为 6.84%。得到未干燥尾渣 15.70kg。

将酸浸试验中的滤液投入 100L 搪瓷反应釜，启动电动机搅拌，搅拌速度 50r/min，向反应釜夹套中通入自来水后，启动加热装置，升温至 95℃，加入调节剂 6.6kg，反应 2.0h，最后得到反应产物共 57.30kg。用板框压滤机过滤得到产品液体 PAC 共 41.06kg，编号 PAC 9-16。

按照 GB/T 22627—2008 的分析方法，分析产品 PAC 9-16，检验结果见表 5-20。

表 5-20　产品 PAC 9-16 检测结果

产　品	Al$_2$O$_3$含量/%	盐基度/%
PA 9-16	7.84	47.26
国家标准	≥6.00	30~95

结果表明，产品 PAC 9-16 达到国家标准（GB/T 22627—2008）水处理剂-聚氯化铝-液体产品技术指标。

参 考 文 献

[1] Manfredi O, Wuth W, Bohlinger I. Characterizing the physical and chemical properties of aluminum dross [J]. Journal of the Minerals Metals and Materials Society, 1997, 49 (11): 48~51.

[2] Castro M I, Robles J A, Hernández D C, et al. Development of mullite/zirconia composites from a mixture of aluminum dross and zircon [J]. Ceramics International, 2009, 35 (2): 921~924.

[3] 党步军. 铝渣处理的研究（上）[J]. 有色金属再生与利用, 2006 (04): 36~38.

[4] 杨昇, 吴竹成, 杨冠群. 铝废渣废灰的治理 [J]. 有色金属再生与利用, 2006 (10): 22~24.

[5] Nakajima K, Osuga H, Yokoyama K, Nagasaka T. Material Flow Analysis of Aluminum Dross and Environmental Assessment for Its Recycling Process [J]. Materials Transactions, 2007, 48 (8): 2219~2224.

[6] Shinzato M C, Hypolito R. Solid waste from aluminum recycling process: characterization and reuse of its economically valuable constituents [J]. Waste Management, 2005, 25 (1): 37~46.

[7] Blomberg J, Söderholm P. The economics of secondary aluminium supply: An econometric analysis based on European data [J]. Resources, Conservation and Recycling, 2009, 53 (8): 455~463.

[8] 易端端. 铝生产过程中固体废物的处置 [J]. 中国有色冶金, 2010 (03): 46~48.

[9] 孙伯勤. 铝渣处理与回收技术 [J]. 再生资源研究, 1997 (04): 19~22.

[10] Gun'ko V, Kozynchenko O, Turov V, et al. Structural and adsorption studies of activated carbons derived from porous phenolic resins [J]. Colloids and Surfaces A: Physicochemical and Engineering Aspects, 2008, 317 (1): 377~387.

[11] Lipsky E M, Robinson A L. Effects of dilution on fine particle mass and partitioning of semivolatile organics in diesel exhaust and wood smoke [J]. Environmental Science & Technology, 2006, 40 (1): 155~162.

[12] 徐荣九, 陈大明, 周洋, 等. 固相含量对 Al$_2$O$_3$ 料浆及瓷体性能的影响 [J]. 航空材料学报, 2000, 20 (3): 134~138.

[13] 赵文轸. 材料表面工程导论 [M]. 西安: 西安交通大学出版社, 1998.

[14] Wang W, Fu Z, Wang H, et al. Influence of hot pressing sintering temperature and time on microstructure and mechanical properties of TiB_2 ceramics [J]. Journal of the European Ceramic Society, 2002, 22 (7): 1045~1049.

[15] Rahimian M, Ehsani N, Parvin N, et al. The effect of particle size, sintering temperature and sintering time on the properties of $Al-Al_2O_3$ composites, made by powder metallurgy [J]. Journal of Materials Processing Technology, 2009, 209 (14): 5387~5393.

[16] Souma T, Nakamoto G, Kurisu M. Low- temperature thermoelectric properties of α- and β-Zn_4Sb_3 bulk crystals prepared by a gradient freeze method and a spark plasma sintering method [J]. Journal of Alloys and Compounds, 2002, 340 (1): 275~280.

[17] Frykholm R, Andren H-O. Development of the microstructure during gradient sintering of a cemented carbide [J]. Materials Chemistry and Physics, 2001, 67 (1): 203~208.

[18] Chen S K, Cheng M Y, Lin S J, et al. Thermal characteristics of Al_2O_3-MgO and Al_2O_3-spinel castables for steel ladles [J]. Ceramics International, 2002, 28 (7): 811~817.

[19] Poe B T, McMillan P F, Cote B, et al. Structure and dynamics in calcium aluminate liquids: high- temperature 27Al NMR and raman spectroscopy [J]. Journal of the American Ceramic Society, 1994, 77 (7): 1832~1838.

[20] Pan X, Sheng S, Xiong G, et al. Mesoporous spinel $MgAl_2O_4$ prepared by in situ modification of boehmite sol particle surface: I Synthesis and characterization of the unsupported membranes [J]. Colloids and Surfaces A: Physicochemical and Engineering Aspects, 2001, 179 (2): 163~169.

[21] Morterra C, Ghiotti G, Boccuzi F, et al. An infrared spectroscopic investigation of the surface properties of magnesium aluminate spinel [J]. Journal of Catalysis, 1978, 51 (3): 299~313.

[22] Jonas S, Nadachowski F, Szwagierczak D. Low thermal expansion refractory composites based on $CaAl_4O_7$ [J]. Ceramics International, 1999, 25 (1): 77~84.

[23] Zhai L, Zhao M, Sun D, et al. Salt-induced vesicle formation from single anionic surfactant SDBS and its mixture with LSB in aqueous solution [J]. The Journal of Physical Chemistry B, 2005, 109 (12): 5627~5630.

[24] Migahed M, Azzam E, Al-Sabagh A. Corrosion inhibition of mild steel in 1 M sulfuric acid solution using anionic surfactant [J]. Materials Chemistry and Physics, 2004, 85 (2): 273~279.

[25] Wang X, Ruan J M, Chen Q Y. Effects of surfactants on the microstructure of porous ceramic scaffolds fabricated by foaming for bone tissue engineering [J]. Materials Research Bulletin, 2009, 44 (6): 1275~1279.

[26] Sairam M, Babu V R, Naidu B V K, et al. Encapsulation efficiency and controlled release characteristics of crosslinked polyacrylamide particles [J]. International Journal of Pharmaceutics, 2006, 320 (1): 131~136.

[27] George B, Rajasekharan Pillai V, Mathew B. Effect of the nature of the crosslinking agent on the metal- ion complexation characteristics of 4 mol% DVB- and NNMBA- crosslinked polyacrylamide-supported glycines [J]. Journal of Applied Polymer Science, 1999, 74 (14):

3432~3444.

[28] Liao K, Li S. Interfacial characteristics of a carbon nanotube-polystyrene composite system [J]. Applied Physics Letters, 2001, 79 (25): 4225~4227.

[29] Yoon D, Sundararajan P, Flory P. Conformational characteristics of polystyrene [J]. Macromolecules, 1975, 8 (6): 776~783.

[30] Li Z, Schubert W-D, Shu C, et al. Rare earth enrichment phenomenon during sintering process of grainy hardmetal [J]. Materials Science and Engineering: A, 2004, 384 (1): 395~401.

[31] Kondoh K, Kimura A, Watanabe R. Effect of Mg on sintering phenomenon of aluminium alloy powder particle [J]. Powder Metallurgy, 2001, 44 (2): 161~164.

[32] Matusita K, Komatsu T, Yokota R. Kinetics of non-isothermal crystallization process and activation energy for crystal growth in amorphous materials [J]. Journal of Materials Science, 1984, 19 (1): 291~296.

[33] Matusita K, Sakka S. Kinetic study of the crystallization of glass by differential scanning calorimetry [J]. Physics and Chemistry of Glasses, 1979, 20 (4): 81~84.

[34] Liu T, Mo Z, Wang S, et al. Nonisothermal melt and cold crystallization kinetics of poly (aryl ether ether ketone ketone) [J]. Polymer Engineering & Science, 1997, 37 (3): 568~575.

[35] Omori M. Sintering, consolidation, reaction and crystal growth by the spark plasma system (SPS) [J]. Materials Science and Engineering: A, 2000, 287 (2): 183~188.

[36] Rice R. Limitations of pore-stress concentrations on the mechanical properties of porous materials [J]. Journal of Materials Science, 1997, 32 (17): 4731~4736.

[37] Kubicki B. Stress concentration at pores in sintered materials [J]. Powder Metallurgy, 1995, 38 (4): 295~298.

[38] 刘欣, 顾幸勇, 李家科. 钛酸铝质空心球隔热制品的制备 [J]. 耐火材料, 2009, 43 (6): 449~452.

[39] 马明锴, 高帅. 测定高铝砖重烧线变化率的新方法 [J]. 山东冶金, 2002, 24 (6): 68~69.

6 脱硫渣的材料化加工与应用

6.1 引言

脱硫渣一般由亚硫酸钙、硫酸钙、碳酸钙、氢氧化钙、氯化钙、氟化钙以及粉煤灰等组成，其中，含硫物相以 $CaSO_3$ 为主，占 10%~50%，主要以 $CaSO_3 \cdot 0.5H_2O$ 形式存在，$CaSO_4$ 含量很少。未反应完全的脱硫剂中的钙元素一般以 $Ca(OH)_2$ 和 f-CaO 的形式存在，呈碱性，pH 值在 11 以上，使重金属不易析出。脱硫渣中 CaO 和 $Ca(OH)_2$ 可与空气中的 CO_2 反应生成 $CaCO_3$，使脱硫渣有自硬性倾向。脱硫渣粒度较细，平均粒径约 17.5μm，含水率约为 3%。

脱硫渣的总体特点是：（1）pH 值较高，较高的 pH 可以中和酸性物质；（2）自硬性倾向较高，可以在制品中起到骨架作用，提高制品强度；（3）钙基化合物较多，钙基化合物可以与 SiO_2、Al_2O_3、Fe_2O_3 等活性成分进行水化反应，生成水化石榴子石和托贝莫来石，形成晶体并提供强度，钙基化合物还可以替代石灰原料等；（4）粒度较细。近年来，人们一直在为脱硫渣寻找合理高值化的利用途径，主要包括以下几个方面。

（1）建筑材料。目前，英国、意大利、荷兰等国家合作开发出利用烟气脱硫渣和粉煤灰生产硫铝酸盐水泥的实验室规模的工艺。硫铝酸盐水泥主要以硫铝酸钙和硅酸二钙为主要矿物组成的新型水泥，脱硫渣的密度相对更大，使硅酸二钙更容易生产，在熟料生产过程中利用预处理的脱硫渣替代部分生料，可以提高熟料生产率，而且还可以改善熟料的球磨性质，从而在水泥生产过程中节约能源。

无水泥混凝土是指利用脱硫渣制备混凝土，达到减少水泥用量、节约资源的目的。预水化处理后的脱硫渣与粉煤灰混合制备无水泥混凝土，这种脱硫渣混凝土的强度、耐久性等性能都与中、低强度的普通水泥混凝土相当，而成本却低得多。缺点是凝结时间比较长，初凝一般要 10~20h，终凝要 30~60h 甚至更长。

蒸养砖是国家积极推广的综合利废环保节能的新型墙材产品，它主要是以粉煤灰、石灰、石膏和骨料为原材料，再加上适量的水泥、石膏和骨料生产出一种免烧砖。利用改性脱硫渣和粉煤灰等制备蒸养砖，其中改性脱硫渣 36%、粉煤灰 24%、砂子 32%、石子 8%，水料比 0.10，制成的蒸压砖抗压强度达到 15.7MPa；利用改性脱硫渣替代石灰、石膏以及其他原材料制备出蒸养砖，可以节约天然资源，实现废物的高值化利用。利用脱硫渣 30%~40%，普通粉煤灰 35%~45%，电石渣 8%，水料比 0.58，制得蒸压加气混凝土砌块，无需额外添加石膏，其力学性能符合相关国家标准要求。

（2）陶瓷材料。脱硫渣含有较多的钙基化合物，因此可考虑用于陶瓷制备方面。采用钙质废石粉与脱硫渣复掺烧制陶瓷，结果表明直接掺入脱硫渣烧制陶瓷，其 SO_2 的逸放率高达 77%；采用钙质废石粉与脱硫渣复掺，可把烧成温度从 1100℃ 降低至 1050℃，保温时间从 2h 缩短至 1h，其 SO_2 的逸放率可控制至 30% 以下。烧成后的陶瓷产品中的钙主要以 $CaAl_2Si_2O_8$ 和 $CaSO_4$ 形式存在，制品性能合格。

（3）胶凝材料。脱硫渣中含有亚硫酸钙，在一定的激发条件下能胶结其他物料，产生一定的机械强度，起到胶凝材料的作用。用脱硫渣制备高硫型灰渣胶凝材料，当掺加量达到 40％时，仍然具有很好的强度，这说明脱硫渣中的亚硫酸钙型在一定的激发条件下，可以产生较好的水化活性及机械强度。用脱硫渣、钢渣、矿渣等固体废物在化学激发剂条件下制备出一种新型灰渣胶凝材料，称为 DA 固化剂。淤泥掺入了 DA 固化剂后，固化土的强度有较大幅度的提高，DA 固化剂起到优良的固化作用。

（4）回填路基材料。脱硫渣作为修筑道路的回填材料，既可以为城市筑路提供材料来源，又可以解决脱硫渣的利用问题。采用矿渣 36％、赤泥 28％、脱硫渣 8％、激发剂 28％ 制备出专门针对粉砂土作为道路基层材料，研究表明当脱硫渣掺量为 3% 时，能满足高等级公路对道路基层的强度要求。利用脱硫渣用于废物稳定/固定，由于稳定/固定过程是一个非常依赖于 pH 的过程，特别对于重金属的固定，必须有足够的酸性中和能力，利用高 pH 值的脱硫渣进行固定收到一定的成效。

（5）生态环境材料。在我国滩涂和盐碱地较多的地区，盐碱土问题突出，土壤含盐量高，盐碱化程度严重，绿化问题亟待解决。脱硫渣中的钙离子可以加速置换土壤中的钠，降低土壤 pH 值，从而达到改良碱土的作用。另外，脱硫渣含有一定量硫成分，可作为硫磺材料使用，与其他肥料同样有效，对植物、土壤没有负面的影响。

脱硫渣具有较高的 pH 值，因此可以用来治理酸性废液。如利用脱硫渣替代石灰作为中和剂来治理酸水，这不仅能使酸水无害化达标排放，使水资源得到有效利用，同时解决了脱硫渣的处置问题，达到了以废治废、变废为宝的目的。

6.2　实验材料

6.2.1　某地脱硫渣特性

6.2.1.1　实验原料预处理

脱硫渣来自某钢铁公司，属于长期堆存的脱硫老渣，长时间的存放导致脱硫渣结块，需进行破碎处理，降低原料粒度，便于进行下一步实验使用。

选用小型的棒磨机对原料进行处理，按1∶1比例加入粗细两种规格的铁棒，棒磨30分钟后取出。脱硫渣长时间堆存，在取样时有较硬物块，很难磨碎，使用大筛孔筛子将大块杂物取出。经筛分后得到脱硫渣样品。

6.2.1.2 化学成分

图6-1是脱硫渣的 XRD 图谱，可以看出脱硫渣中各种不同小衍射峰较多，其中较为明显的衍射峰是碳酸钙和石膏（二水硫酸钙），其化学式分别为 $CaCO_3$、$CaSO_4 \cdot 2H_2O$。

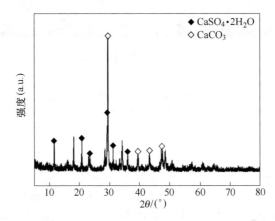

图6-1 脱硫渣的 X 射线衍射图谱

表6-1是脱硫渣的 X 射线荧光光谱分析结果，从表格中分析可得：脱硫渣主要组分含有 $CaCO_3$、$CaSO_4$ 和 $CaSO_3$，杂质组分 Cl、ZnO、Fe_2O_3 等。

表6-1 脱硫渣化学成分

成 分	CaO	SO₃	SO₂	Cl	ZnO	Fe₂O₃
质量分数/%	67.42	14.31	8.48	3.15	1.06	1.03

图6-2是脱硫渣的扫描电镜图，从图中看出颗粒大小不均，杂乱分布，多以大小不同的片状结构存在。

6.2.2 脱硫 a、b 渣特性

脱硫渣 a 渣为从完成脱硫工艺后取出的未经堆存的脱硫渣样；脱硫渣 b 渣为堆存后取得的脱硫渣样。

6.2.2.1 X 射线荧光光谱分析

表6-2为脱硫渣 a 渣原料的 X 射线荧光光谱分析结果。

图 6-2　脱硫渣的扫描电镜图

表 6-2　脱硫渣 a 渣的 XRF 分析结果

成　分	O	Ca	S	Fe	Cl	Si	Mg
质量分数/%	48.22	34.92	11.80	1.07	1.63	0.16	0.46

由表 6-2 中可知脱硫渣 a 渣中 $w(O) = 48.22\%$、$w(Ca) = 34.92\%$、$w(S) =$ 11.80%，可知脱硫渣 a 渣中主要含氧化钙及亚硫酸钙或硫酸钙；另外 $w(Fe) =$ 1.07%、$w(Si) = 0.16\%$，可推测脱硫渣中氧化铁和氧化硅含量较低；脱硫渣 a 渣的硫含量还需进一步化学分析确定。

6.2.2.2　化学成分分析

采用化学成分分析方法对 S 含量进行定量分析，化学定量分析硫元素含量为 10.27%，以硫元素含量估算 $CaSO_4$ 含量如式（6-1）所示（未考虑结晶水）。

$$\begin{aligned} W_{CaSO_4} &= W \times M_{CaSO_4} \div M_S \times 100\% \\ &= 10.27\% \times 120 \div 32 \times 100\% \\ &= 38.51\% \end{aligned} \tag{6-1}$$

脱硫渣 a 渣中 $CaSO_4$ 含量约为 38.51%，其他成分主要为 CaO、$Ca(OH)_2$。

6.2.2.3　X 射线衍射分析

采用 X 射线衍射仪对干燥的脱硫渣原料粉末进行物相分析。工作条件：管压 40kV，管流 150mA，Cu K_α 线，$\lambda = 0.154056$nm，采用石墨单色器，步宽 0.02°，停留时间 0.075s，扫描范围 $10° < 2\theta < 80°$。图 6-3 为脱硫渣的 X 射线衍射图。

由图 6-3 可知，图中各衍射峰的峰形狭窄尖锐、对称且峰值高，脱硫渣 a 渣原料的主要衍射峰与 PDF 卡 No.44-1481 的氢氧化钙、No.21-0155 的氧化钙、No.36-0527 半水亚硫酸钙一致，其化学式分别为 $Ca(OH)_2$、CaO、$CaSO_3 \cdot 0.5H_2O$。

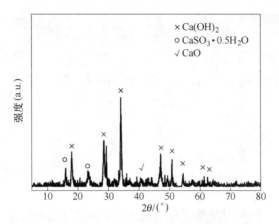

图6-3　脱硫渣 a 渣原料的 X 射线衍射图

由图6-4可知，图中各衍射峰的峰形狭窄尖锐、对称且峰值高，脱硫渣 b 渣原料的主要衍射峰与 PDF 卡 No. 44-1481 的氢氧化钙、No. 33-0311 的二水石膏、No. 47-1743 碳酸钙一致，其化学式分别为 $Ca(OH)_2$、$CaSO_4 \cdot 2H_2O$、$CaCO_3$。

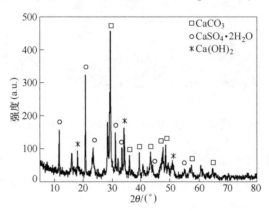

图6-4　脱硫渣 b 渣原料的 X 射线衍射图

结合 X 射线衍射分析结果可知，脱硫渣 a 矿经堆存一段时间后，部分氧化钙吸收空气中二氧化碳后转换为碳酸钙，半水硫酸钙被氧化为二水石膏。

6.2.2.4　形貌特征

利用高倍扫描电子显微镜的二次电子图像来表征脱硫渣 a 渣原料的形貌特性，如图6-5所示。

图6-5为脱硫渣 a 渣原料在不同倍率下的扫描电镜照片。图6-5（a）为放大2000倍的脱硫渣 a 渣样品的扫描电镜照片，图中白色颗粒呈不同尺寸分布，有明显团聚现象。而从图6-5（b）放大10000倍的图可以较清晰看到，颗粒呈片层状。图6-5（c）可看到有棒状物质存在，应该为脱硫工艺中生成的石膏。

图6-5　脱硫渣 a 渣样品在不同倍率下的扫描电镜照片

6.2.2.5　微区化学成分分析

采用 EDS 对选定的脱硫渣 a 渣微区进行成分分析，研究脱硫渣 a 渣中微区的化学成分，结果见图6-6。

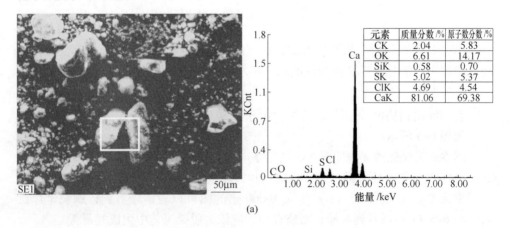

元素	质量分数/%	原子数分数/%
CK	2.04	5.83
OK	6.61	14.17
SiK	0.58	0.70
SK	5.02	5.37
ClK	4.69	4.54
CaK	81.06	69.38

(a)

元素	质量分数 /%	原子数分数 /%
CK	4.84	12.29
OK	9.19	17.51
SiK	1.09	1.18
SK	21.58	20.50
ClK	4.10	3.52
CaK	59.19	45.00

(b)

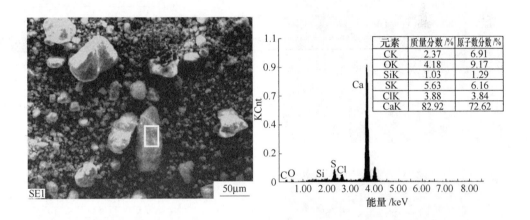

元素	质量分数 /%	原子数分数 /%
CK	2.37	6.91
OK	4.18	9.17
SiK	1.03	1.29
SK	5.63	6.16
ClK	3.88	3.84
CaK	82.92	72.62

(c)

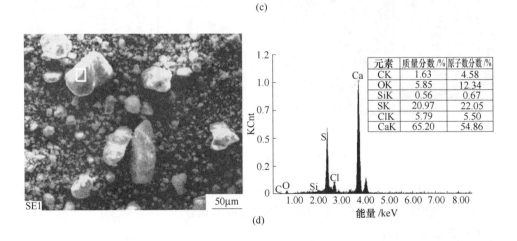

元素	质量分数 /%	原子数分数 /%
CK	1.63	4.58
OK	5.85	12.34
SiK	0.56	0.67
SK	20.97	22.05
ClK	5.79	5.50
CaK	65.20	54.86

(d)

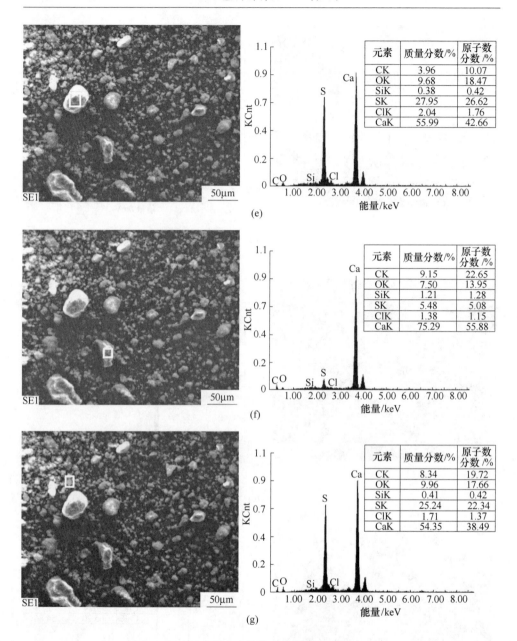

图 6-6   脱硫渣的微区化学成分分析

由图可见，图中不规则颗粒状 $CaSO_4$ 含量较低，粉末状 $CaSO_4$ 含量较高，这应该与脱硫原料有关，颗粒中脱硫过程中反应不充分。

6.2.2.6   粒度分析

对脱硫渣 a 渣进行筛分分析，其粒度组成见表 6-3，可见脱硫渣 a 渣粒度主要集中在 0.074mm 到 0.023mm 之间，含量约为 79.9%。

对不同粒度范围内的脱硫渣 a 渣进行了 XRD 分析，考察矿物在不同粒级中的分布情况。不同粒级 XRD 图见图 6-7，由图可知半水亚硫酸钙相对富集于粗颗粒。

表 6-3 脱硫渣 a 渣粒度组成

粒径/mm	+0.3	−0.3+0.15	−0.15+0.074	−0.074+0.045	−0.045+0.023
比例/%	0.6	1.4	18.1	31.9	48

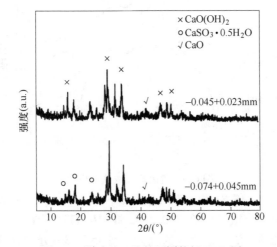

图 6-7 脱硫渣 a 渣的不同粒级 XRD 图

对脱硫渣 a 渣进行激光粒度分析，其粒度分布见表 6-4，其粒度分布图见图 6-8。由图可见，激光粒度分析与筛分分析结果基本一致。

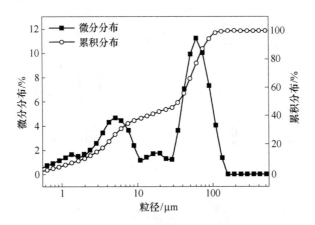

图 6-8 脱硫渣 a 渣粒径分布曲线

表 6-4　脱硫渣 a 渣粒度分布表

粒径特征参数	d_{10}	d_{25}	d_{50}	d_{75}	d_{90}
粒径/μm	2.07	4.82	35.92	59.04	78.62

6.2.2.7　热分析

对脱硫渣 a 渣进行热重分析（TG）和差热分析（DSC），分析结果见图 6-9。

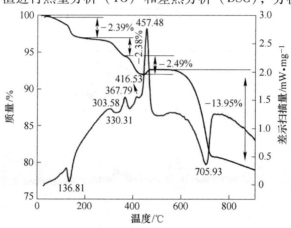

图 6-9　脱硫渣 a 渣热分析图

第一个吸热峰在 136.81℃，伴随着质量下降 2.98%，为脱硫渣 a 渣中吸附水脱去。第二个及第三个吸热峰在 330.31℃ 和 416.53℃，伴随着质量下降 2.30% 和 2.49%，为脱硫渣 a 渣中结晶水的脱去。在 457.48℃ 处的放热峰，伴随着质量增加 0.67%，为脱硫渣 a 渣中的亚硫酸钙氧化为硫酸钙。最后的吸热峰在 705.93℃，伴随着质量下降 13.95%，为脱硫渣 a 渣中碳酸钙分解。

对脱硫渣 b 渣进行热重分析（TG）和差热分析（DSC），分析结果见图 6-10。

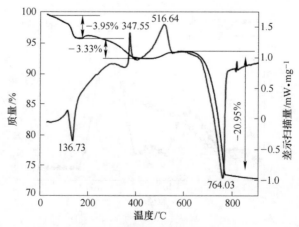

图 6-10　脱硫渣 b 渣热分析图

第一个吸热峰在136.73℃，伴随着质量下降3.95%，为脱硫渣b渣中吸附水脱去。在516.64℃处的放热峰，伴随着质量增加1.13%，脱硫渣b渣中的亚硫酸钙氧化为硫酸钙。最后的吸热峰在764.03℃，伴随着质量下降20.95%，为脱硫渣b渣中碳酸钙分解。

6.2.2.8 红外分析

脱硫渣a渣红外吸收光谱图如图6-11所示，从中可以看出红外谱图曲线的峰主要在 $3730cm^{-1}$、$3642cm^{-1}$、$3539cm^{-1}$、$3409cm^{-1}$、$2514cm^{-1}$、$1623cm^{-1}$、$1494cm^{-1}$、$1418cm^{-1}$、$1339cm^{-1}$、$1143cm^{-1}$、$989cm^{-1}$、$941cm^{-1}$、$866cm^{-1}$、$654cm^{-1}$、$602cm^{-1}$、$526cm^{-1}$、$488cm^{-1}$波数处，其中 $1623cm^{-1}$、$654cm^{-1}$ 为硫酸钙的红外吸收峰，$3642cm^{-1}$、$866cm^{-1}$ 为氢氧化钙的红外吸收峰，$2514cm^{-1}$ 为碳酸钙的红外吸收峰，$3539cm^{-1}$、$3409cm^{-1}$ 为羟基的红外吸收峰。

脱硫渣b渣红外吸收光谱图如图6-12所示，从中可以看出红外谱图曲线的峰主要在 $3731cm^{-1}$、$3405cm^{-1}$、$3244cm^{-1}$、$1795cm^{-1}$、$1623cm^{-1}$、$1473cm^{-1}$、$1431cm^{-1}$、$1137cm^{-1}$、$985cm^{-1}$、$945cm^{-1}$、$872cm^{-1}$、$711cm^{-1}$、$654cm^{-1}$、$604cm^{-1}$、$522cm^{-1}$、$490cm^{-1}$、$447cm^{-1}$波数处，其中 $1623cm^{-1}$、$654cm^{-1}$ 为硫酸钙的红外吸收峰，$872cm^{-1}$ 为氢氧化钙的红外吸收峰，$711cm^{-1}$ 为碳酸钙的红外吸收峰，$3539cm^{-1}$、$3409cm^{-1}$ 为羟基的红外吸收峰。

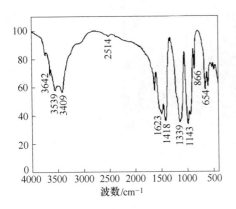

图6-11 脱硫渣a渣红外吸收光谱图

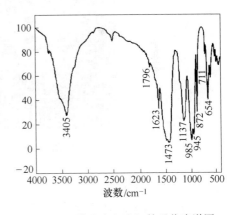

图6-12 脱硫渣b渣红外吸收光谱图

6.3 石膏砌块的制备

6.3.1 脱硫渣制备石膏砌块

6.3.1.1 实验方法

采用图6-13所示的工艺流程图，主要包括配料、搅拌、装模、脱模、干燥等工序。

　　按照实验方案称量原料，将脱硫渣、半水石膏粉、聚丙烯纤维加入搅拌桶内预先搅拌，使原料混合均匀。加入一定量的水继续搅拌，搅拌时间约为 5~10min，待搅拌越来越困难，浆料有凝固的趋势时，开启振动台并向模具中倒入浆料。浆料在模具内会迅速凝结固化，待其不再发生形变，使用脱模枪将成型砌块打出，称重后放入 40℃恒温烘箱中烘干至恒重。

　　烘干时间密切影响着砌块的密度，对砌块进行长时间烘干，外观图如图 6-14 所示，可以确定砌块的烘干时间为 4d，更长时间烘干对砌块密度无影响。

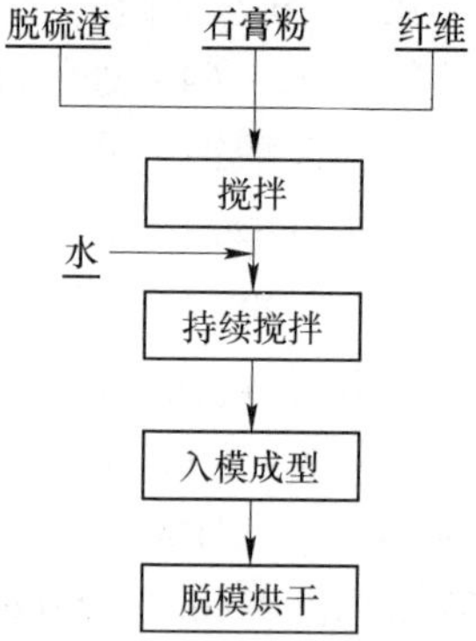

图 6-13　脱硫渣制备石膏
砌块的工艺流程图

6.3.1.2　砌块样品

　　在水灰比 0.6、脱硫渣外掺量 10%、纤维含量 1%、烘干时间 4d 的条件下，制备出脱硫石膏砌块样品。样品外观的数码照片见图 6-14。

图 6-14　石膏砌块外观图

6.3.1.3　结果与讨论

A　烘干时间对砌块性能的影响

　　石膏砌块在制备过程中加入大于半水石膏水化过程所需要的水量，目的是为了使砌块在实际生产过程中有足够的流动性。一方面可以使搅拌过程更加方便，物料相互混合均匀；另一方面，混合浆料进入模具后能够迅速成型，减小砌块内部形成多余气泡的概率。砌块在定型脱模后，仍具有较高的水分，这极大地影响了其强度性能，因此需要进行烘干。

　　图 6-15 是砌块在 40℃恒温干燥条件下，砌块的表观密度与强度的变化图。在实际测试过程中，使用表观密度间接体现砌块含水量。水分含量越低，表观密度越小。从图 6-15 中可以看出，随着烘干开始，其密度急速下降，水分降低，

强度有明显提高。随着烘干过程继续进行，密度下降速度降低，这时砌块含有水分较少，强度有部分提升。4d 之后，密度基本不变，说明砌块内部多余水分已经蒸发，强度也达到了最大（由于砌块个体及原料不可避免的差异，强度性能在图中表现并不稳定）。

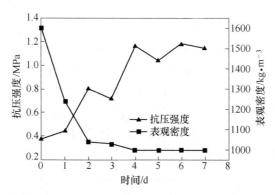

图 6-15 烘干时间对砌块强度和表观密度的影响

B 纤维添加量对砌块的影响

在砌块制备时，为了有效增强其强度性能，可以添加纤维来实现[1~10]。选择聚丙烯纤维作为块体增强材料。实验所用的聚丙烯纤维属性见表 6-5，纤维添加量实验原料配比方案见表 6-6。

表 6-5 聚丙烯纤维的性质

纤维属性	性 质
当量直径	$17\sim48\mu m$
比重	$0.91\sim0.93g/cm^3$
颜色	自然色
断裂伸长率	$10\%\sim28\%$
弹性模量	$\geqslant3850MPa$
熔点	$160\sim180℃$
耐酸碱性	$\geqslant94.4\%$
吸水性	无
热传导性	低

表 6-6 纤维添加量实验原料配比方案

编 号	石膏粉/g	聚丙烯纤维/g	水/mL
1	1000	0	600
2	1000	5	600

编　号	石膏粉/g	聚丙烯纤维/g	水/mL
3	1000	10	600
4	1000	15	600
5	1000	20	600
6	1000	25	600

图6-16是根据实验方案得到的数据图，从图中可以明显看出，纤维的添加有益于强度的提高，在添加量为1%以下时，随着添加量增大，强度明显提升，添加量大于1%时，强度仅有较小幅度的提升，甚至添加量过大时会有所下降。与此相对应的是，表观密度在不同纤维含量条件下基本相同，说明纤维添加不会增大或减轻砌块的表观密度。

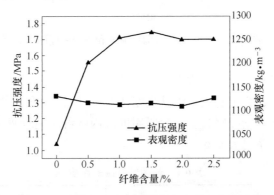

图6-16　纤维含量对砌块强度和表观密度的影响

纤维添加到砌块中后，在搅拌过程中充分分散，之后砌块入模定型，纤维就在砌块内部形成了均匀分布、完整的乱向支撑体系。当砌块受到外力作用将要发生形变时，具有良好伸缩性的纤维可以分担一部分剪切力作用，使得砌块能在较大的外力作用下保持不发生形变。一旦外力超出一定的限度，纤维仍能够承受剪切力作用而发生较小形变，但砌块主体部分受力有限，在纤维分担了部分外力的情况下达到极限，发生形变，最终导致砌块破裂，而起到一定支撑的纤维未发生断裂，依旧散布在断裂表面。

因此，实验得到纤维最佳添加量为1%，并在其他条件试验中选择此添加量进行实验。

C　水灰比与脱硫渣添加对性能的影响

实验的主要目的是在制备砌块的过程中添加脱硫渣，脱硫渣的添加量是实验研究的重点。另一方面，水分的添加对砌块也有着巨大影响，添加过少会使搅拌困难甚至无法搅拌，添加过多会使砌块内部留下多余的孔道，降低砌块强度[11,12]。控制其他实验条件不变，调整脱硫渣掺量（外掺，脱硫渣与石膏的比例）和水灰比（水分与石膏的比值）进行条件实验。其中，控制脱硫渣掺加量分别为0、10%、20%、30%，控制水灰比分别为0.6、0.7、0.8、0.9，实验方案具体如表6-7所示。

表6-7　实验原料配比

编　号	石膏粉/g	脱硫渣/g	水/mL	纤维/g
1	1000	0	600	10
2	1000	100	600	10
3	1000	200	600	10
4	1000	300	600	10
5	1000	0	700	10
6	1000	100	700	10
7	1000	200	700	10
8	1000	300	700	10
9	1000	0	800	10
10	1000	100	800	10
11	1000	200	800	10
12	1000	300	800	10
13	1000	0	900	10
14	1000	100	900	10
15	1000	200	900	10
16	1000	300	900	10

　　图6-17是不同脱硫渣掺加量与水灰比条件下制备出的石膏砌块的强度图。首先，从同一掺加量考虑，可以明显看出在掺加量相同的情况下，随着水灰比的降低，砌块的强度显著提高，在水灰比达到0.6时强度达到最大；其次，从同一水灰比考虑，可以看出随着脱硫渣掺加量的提高，砌块强度有一个先上升后下降的过程，并且这种变化过程在不同水灰比都有所体现，均在掺加量为10%时达到峰值。同时可以看出水灰比在0.6时，不掺加脱硫渣与掺加30%脱硫渣的强度接近，说明在高掺量、低水灰比条件下，可以保持砌块强度不变而使用更多的脱硫渣。

　　分析认为，在砌块形成过程中，脱硫渣中的二水石膏随同半水石膏水化形成的二水石膏相互混杂、结晶形成砌块主体结构，脱硫渣中大量碳酸钙均匀分布在砌块内部，与石膏基体紧密相连，起到一定的支撑作用，因此添加少量的脱硫渣提高了砌块的强度。当添加的脱硫渣达到一定程度时，一方面脱硫渣中二水石膏

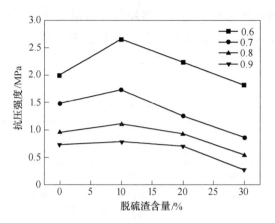

图 6-17　水灰比和脱硫渣添加量对砌块强度的影响

的提高会阻碍半水石膏的水化结晶，结晶效果变差，另一方面过多的碳酸钙颗粒相互聚集，在砌块内部占据一定空间，因碳酸钙颗粒之间不具有相互的结合作用，团聚颗粒效果类似于空洞，阻碍砌块强度的提高。

　　表观密度是衡量砌块性能的重要指标。轻质的石膏砌块要求其密度低于 $1100kg/m^3$，空心石膏砌块则要求小于 $900kg/m^3$。在实际使用过程中，轻质的砌块产品被运用在隔离保温板墙中，因其较轻的质量使得施工过程变得简单快速。

　　图 6-18 是不同脱硫渣掺加量与水灰比制备出的石膏砌块的表观密度图。从图中选取 0.7 水灰比为例，可以看出随着脱硫渣添加量的不断增大，砌块的表观密度也在随之增大，在其他水灰比条件下，虽然存在密度下降的情况，但从整体来说表观密度是随着砌块添加量增多而变大。分析认为，脱硫渣中除去二水石膏外，还含有大量碳酸钙以及少量的其他杂质，这些物质不具有吸水性，在形成砌块后占据一部分空间，表现出其实际密度，而石膏在水化过程中会留有一些水

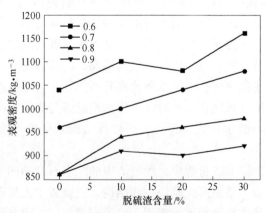

图 6-18　水灰比和脱硫渣添加量对砌块密度的影响

分，这些水分所占据的通道在烘干后变成中空，使得石膏砌块的表观密度要小于二水石膏粉体，同样也小于碳酸钙的密度。因此，随着脱硫渣添加量的增多，碳酸钙等物质替代部分石膏以及孔道，砌块密度会随之上升。

实验数据中有部分数据有所下降，分析认为，在实际的砌块制备过程中，并不能完全保证砌块的高度为10cm和砌块顶端完全平整，同时虽然使用振动台对砌块成型过程中产生气穴的可能进行了预防，但不能完全保证砌块没有气泡产生，这些都在一定程度上影响了砌块密度的变化。

水灰比是影响砌块密度的主要因素，从图6-18中纵向观察可知，相同的脱硫渣添加量条件下，水灰比越低，砌块的表观密度越大，当水灰比达到0.6时，砌块表观密度都是最大值，其中仅30%添加量的砌块密度超过了1100kg/m³。

分析认为，石膏砌块在制备过程中所添加的水分，除了部分参与到水化过程外，多余水分用于降低浆料的黏稠度，使浆料能够充分搅拌，让各种添加物均匀分散，同时有利于砌块成型。但在砌块成型后，多余的水分参与到砌块成型过程，保留在砌块内部，这些水分最终会在烘干干燥过程中蒸发，水分所占据的空间被空气填充。因此水灰比越高，烘干蒸发的水分越多，砌块内部填充的空气也就越多，表观密度就越低。

D　掺加方法的影响

在无机结合料计算中，一般分为两种掺加方法：内掺与外掺。内掺就是把外加剂算在胶凝材料里面，其掺量公式为：$A/(A+B)\times100\%$，式中，A 为外加剂用量，B 为胶凝材料用量。

外掺就是把外加剂不算在胶凝材料里面，其掺量公式为：$A/B\times100\%$，式中 A 为外加剂用量，B 为胶凝材料用量。

选取水灰比为0.6，纤维含量为1%，脱硫渣添加量为10%、20%、30%三组不同情况下内掺与外掺的实验进行对比，实验结果对比如表6-8所示。

表6-8　内外掺实验结果对比

添加量/%	外　掺			内　掺		
	10	20	30	10	20	30
表观密度 /kg·m⁻³	1100	1080	1160	1010	1000	980
抗压强度 /MPa	2.66	2.25	1.82	1.03	0.66	0.32

从表中数据可以看出同样参数条件下，使用外掺制备的石膏砌块强度要远高于内掺所制备的砌块，表观密度也大于内掺。

这是因为内掺添加计算方式减少了石膏用量，减少的部分使用了不需要水化过程的脱硫渣，导致水添加过量，脱硫渣添加也较外掺法有所提高。较高的水灰比和脱硫渣添加量都使得砌块的强度大幅降低，表观密度下降。

根据实验的实际操作，为了保证砌块制品能够完全填充模具，选用了外掺计算方法作为实验原料用量计算方法。

E　产品分析

经探索，实验得到了制备石膏砌块的最优参数配比：水灰比0.6、脱硫渣外掺量10%、纤维含量1%、烘干时间为4d。在此实验条件下，制备了大量石膏砌块并对其性能进行研究。

在实验前后分别对石膏样品、脱硫渣样品和制备好的砌块进行 XRD 分析。图 6-19 是三种样品的 XDR 对比图。图中对三种较为明显的物质进行了标注，分别是 $CaSO_4 \cdot 2H_2O$、$CaSO_4 \cdot 0.5H_2O$、$CaCO_3$。图中可以看出，熟石膏粉为较为纯净的 $CaSO_4 \cdot 0.5H_2O$，在经过水化反应制备成砌块后，$CaSO_4 \cdot 0.5H_2O$ 的峰消失；同时脱硫渣中含有 $CaSO_4 \cdot 2H_2O$ 的峰，制备成砌块后 $CaSO_4 \cdot 2H_2O$ 的峰依旧存在并有明显的增强，$CaCO_3$ 的峰也同时存在。说明在砌块制备过程中，原料石膏全部水化，生成了 $CaSO_4 \cdot 2H_2O$，而脱硫渣中的 $CaSO_4 \cdot 2H_2O$ 和 $CaCO_3$ 未发生变化全部进入砌块中。

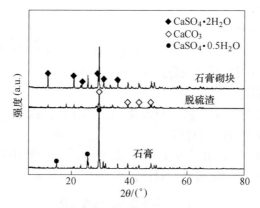

图 6-19　石膏、脱硫渣、砌块的 XRD 图

对制备好的砌块进行抗压测试，其抗压强度可以达到 2.66MPa，表观密度仅为 1090kg/m³。为了了解砌块内部结构，对破碎后的砌块进行观察，如图 6-20所示。

从图中可以看到，砌块内部纤维均匀分散在其中，与石膏基体紧密结合，提高了砌块的抗压强度。同时纤维之间纵横交错，构成了完整的支撑体，使得砌块内部结构更加稳定，增强了砌块的强度。砌块内部没有气泡产生的孔洞，砌块整体严实紧密，说明震动过程达到了所预期的要求。

使用显微镜对砌块进行观察。图 6-21 是使用 10×5 倍的显微镜所拍摄的图像，从图中可以看出，聚丙烯纤维分散在砌块内部各处，纤维之间相互交错形成

图 6-20 砌块断面图

复杂的网状结构。石膏与纤维结合效果较差，没有形成化学吸附，石膏水化烘干过后相互紧贴产生摩擦力，大量的纤维与石膏之间的相互作用，提高了砌块的强度。

6.3.2 添加钢渣制备石膏砌块

钢渣是钢铁企业炼钢过程中排放的废渣，其排放量约为钢产量的 15%[13]。钢渣的主要矿物组成为硅酸三钙、硅酸二钙、钙镁蔷薇辉石、钙镁橄榄石、铁酸二钙、RO（镁、铁、锰的氧化物）、

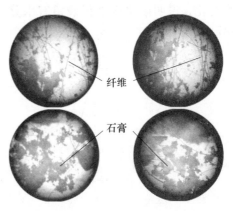

图 6-21 砌块光学显微图

游离石灰等[14]。钢渣矿物组成与水泥熟料相近似，因此钢渣也具有一定的凝胶作用，可与水发生反应，但由于硅酸三钙和硅酸二钙是经高温缓慢冷却处理得到的，是稳态，活性较水泥低；钢渣是碱性物质，可以与酸发生酸碱中和反应[15]。目前钢渣主要应用在以下几个领域：（1）建筑方面，可用于钢渣水泥、钢渣砖、钢渣骨料以及筑路材料等多个方面。（2）回收废弃金属。（3）农业方面，可以作为肥料使用，用于改善土壤。（4）环保等方面，例如污水治理，净化水质等。

6.3.2.1 实验方法

实验采用与脱硫渣制备石膏砌块相同的方法，根据实验方案分别称量出石膏粉、钢渣以及纤维，全部加入搅拌桶中预搅拌，再加入一定量水分持续搅拌。待浆料黏稠度逐渐升高，将要凝固时，开启振动台，将浆料倒入模具中等待成型。成型后的砌块使用脱模枪取出，最终放入烘箱中烘干。

脱硫渣初始粒度较大，不能直接使用，需要进行研磨减小粒度。钢渣易磨性

较差[16]，主要组成成分活性很低，因此使用球磨机对钢渣进行磨矿作业。

6.3.2.2　烘干时间对砌块性能的影响

在使用钢渣制备石膏砌块过程中，同样需要注意烘干时间对砌块性能的影响。

图 6-22 是钢渣制备的石膏砌块在 40℃恒温干燥条件下，砌块的强度与表观密度的变化图。从图中可以看出，砌块初始有较高的密度，其水分含量极高，添加的多余水分残留在砌块内部，砌块强度极低，砌块内部部分水化过程还未完全进行。烘干 1d 后，砌块密度显著降低，大量水分蒸发，内部结构基本稳定，有水分填充的孔道显现，砌块强度明显上升。继续烘干，砌块所含水分持续减少，烘干 3d 砌块基本干燥，砌块结构稳定，水分含量极低，其密度稳定在 1150kg/m³，强度均在 2.0MPa 以上。砌块干燥后保持烘干状态，其密度有微小变化，说明砌块内部仍残留有水分，但密度变化较小（小于 1%），认为砌块已经烘干。

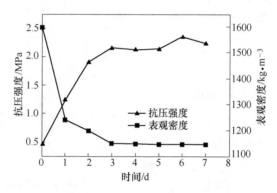

图 6-22　烘干时间对砌块强度和表观密度的影响

实验表明使用钢渣制备的石膏砌块其烘干所需时间最短为 3d，较脱硫渣制备的石膏砌块时间稍短。在砌块干燥后，持续的烘干作业不会对砌块性能造成影响。

6.3.2.3　纤维添加量对砌块性能的影响

纤维作为砌块的强度增强材料，同样可以添加到钢渣砌块中使用。实验选取了与 6.3.1 节脱硫渣相同的试验参数进行实验。

图 6-23 是根据实验方案得到的数据图，从图中可以明显看出，对比未添加纤维和添加 0.5%纤维的砌块，其强度有很大的提高，说明纤维的添加有利于强度的提高。与脱硫渣相同，以纤维添加量 1%为分界线。在添加量为 1%以下时，随着添加量增大，砌块强度显著提高；纤维添加量大于 1%时，强度仅有较小幅度的提升。当纤维添加量超过 2%时，砌块强度有所下降。观察密度曲线发现，

纤维的添加使砌块密度有一定的增大，但增加幅度很小，较其整体密度变化更小，可以认为纤维添加对砌块密度没有影响或影响可以忽略。

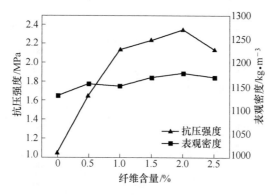

图 6-23 纤维含量对砌块强度和表观密度的影响

分析认为，与脱硫渣制备的石膏砌块相类似，纤维添加到钢渣制备的砌块中后，在搅拌过程中充分分散，纤维就在砌块内部形成了均匀分布、完整的乱向支撑体系。当砌块受到外力作用将要发生形变时，纤维分担了部分外力作用，当外力超出一定的限度时，砌块破碎。钢渣在砌块内的作用等同于脱硫渣中的碳酸钙。

当添加纤维量超过 2% 时，砌块强度有所下降。分析认为，在纤维添加量为 1% 时，纤维已经能够完全均匀分散在砌块内部，构建了一个较为完整的支撑体，纤维之间相互联结，共同起到支撑作用。进一步添加纤维，多添加的纤维会成为支撑体中的部分，可以起到分担外应力的作用，但起不到增强砌块强度的效果。当纤维添加量过大时，纤维之间发生团聚，难以完全分散在砌块内，纤维团占据了部分内部空间，水分完全蒸发后，纤维本身不具有立体结构，占据空间形成孔洞，最终导致砌块强度有所降低。

根据实验得出结论，在使用钢渣制备石膏砌块时，聚丙烯纤维的最佳添加量为 1%。

6.3.2.4 水灰比与钢渣添加量对性能的影响

水灰比与钢渣添加量同样是影响钢渣制石膏砌块的强度与密度的主要因素。根据之前实验得到优化条件，保持其他实验条件最优，调节钢渣添加量分别为 0、10%、20%、30%，调节水灰比分别为 0.6、0.7、0.8、0.9。

在实验过程中，以水灰比为 0.9 所制备出的石膏砌块，因添加水分较多，短时间内难以成型，脱模后砌块极易破裂变形，所以没有对水灰比为 0.9 的样品进行强度与密度的测量。最终实验方案如表 6-9 所示。

表 6-9　实验原料配比

编　号	石膏粉/g	钢渣/g	水/mL	纤维/g
1	1000	0	600	10
2	1000	100	600	10
3	1000	200	600	10
4	1000	300	600	10
5	1000	0	700	10
6	1000	100	700	10
7	1000	200	700	10
8	1000	300	700	10
9	1000	0	800	10
10	1000	100	800	10
11	1000	200	800	10
12	1000	300	800	10

图 6-24 是钢渣对砌块强度的影响。从图中可以看出，在同一水灰比条件下，添加钢渣对砌块强度的影响没有明显的规律可言，其中在水灰比为 0.6 时，砌块强度随添加量的增多先降低后上升，而在水灰比为 0.7 时，砌块强度整体处于下降状态，水灰比为 0.8 时，砌块强度在一定范围内没有较为明显的变化。

纵向观察图 6-24 可知，对比同一添加量条件下砌块强度。在同一掺加量条件下，水灰比对砌块强度的影响依旧十分明显，水灰比越低，砌块达到的强度就越大。这同脱硫渣制备的石膏砌块有着相同的规律，证明水灰比在制备砌块时起到了十分关键的作用。水分添加的多少直接决定着砌块的强度。

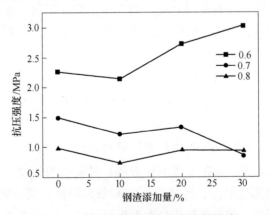

图 6-24　钢渣添加量对砌块强度的影响

钢渣是一种密度较大的废弃物，添加到砌块中对砌块的密度影响较大。图 6-25 是钢渣对砌块密度的影响。从图中可以看出，随着钢渣的添加量增多，砌块的表观密度持续增大，最高达到了 1300kg/m³ 以上，这已经远远超过了对砌块密度的要求。分析认为钢渣是密度较大的原料，其密度远大于石膏粉以及同样作为外加原料的脱硫渣，钢渣的大量加入取代了原来较轻的石膏，密度大幅增加。

纵向分析图 6-25，对比同一添加量条件下砌块表观密度。水灰比同样影响着砌块密度，同脱硫渣一样，随着水灰比的密度降低逐渐增大。不论使用何种添加物制备石膏砌块，过多添加的水分都会使砌块内部形成通道，并随着烘干过程蒸发而留下孔洞，水分添加越多，残留的孔道就会越多，最终导致构成砌块的原料减少，密度降低。实验表明，水灰比在砌块表观密度方面同样起到了决定性的作用。

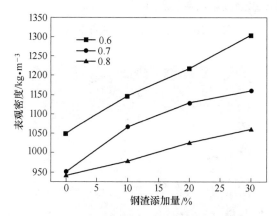

图 6-25　钢渣添加量对砌块密度的影响

根据钢渣添加量对砌块性能的影响可以看出，钢渣的添加量对砌块性能没有明显提高，反而在有些方面有所下降。水灰比则对砌块的形成起到了至关重要的作用，水分添加的多少直接影响着砌块的各项性能。

6.3.2.5　产品分析

实验过程中制备了大量的石膏砌块，对比发现钢渣对砌块的外观颜色也有着较为明显的影响。

图 6-26 是不同添加量所制备的砌块产品，对比可以明显看出，添加较多的钢渣会使砌块的颜色变黑。这是由于钢渣是一种黑色废弃物，在粉碎后均匀分布在砌块的内部和表面，掩盖住了原本为纯白色的石膏本体，显现出黑色。

图 6-27 是钢渣制备石膏砌块在受到压力作用破碎后的内部结构图。从图中可以看出，足量的纤维充分均匀地分散在砌块内部，依靠纤维之间、纤维与石膏之间的相互作用，提高了砌块的强度。同时砌块内还有少许孔洞存在，这些孔洞是由于在浆料的搅拌和入模过程中，有空气存留在内部，并且这些气体在经过振动台震动后未能完全从砌块内排出，最终导致砌块强度较理论值有所降低。

图 6-26　不同钢渣含量的石膏砌块

图 6-27　石膏断面图

　　图 6-28 是使用显微镜观察钢渣石膏砌块结构图。图 6-28（a）~（c）是10×5倍放大图，图 6-28（d）是 10×10 倍放大图。从图中可以发现较为明显的黑色颗粒，这些就是添加在砌块内的钢渣，其较黑的颜色可以很明显同石膏区分出来。从图 6-28（a）看出，钢渣已经均分分布在砌块内部，在砌块内部起到增强强度的作用。从图 6-28（b）、（d）可以看出，纤维的存在方式也是相互交错，穿插在石膏之间构成相互依存的支撑体。从图 6-28（c）可以发现，少量的钢渣相互结合，形成了较大的颗粒，这些大颗粒不仅不能为砌块提供强度，反而产生较大孔洞使强度降低。

6.3.3　脱硫渣、钢渣共同添加制备石膏砌块

6.3.3.1　实验方法

　　根据实验方案分别称量出石膏粉、脱硫渣、钢渣以及纤维，全部加入搅拌桶

中预搅拌，加入一定量水分持续搅拌。待浆料黏稠度逐渐升高，将要凝固时，开启振动台，将浆料倒入模具中等待成型。成型后的砌块使用脱模枪取出，最终放入烘箱中烘干。

6.3.3.2　砌块产品外形

图6-29是使用脱硫渣和钢渣共同添加制备的石膏砌块。其中左侧砌块添加了10%的钢渣，右侧砌块添加了5%的钢渣。可以看出，左侧砌块颜色明显重于右侧，钢渣添加过多，会使砌块外观向黑色方向发展。

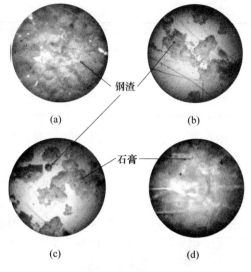

图 6-28　砌块光学显微图

图 6-29　混合添加制备的石膏砌块

6.3.3.3　结果与讨论

控制一种废弃物添加量不变，调整另一种废弃物添加量进行试验，研究脱硫渣与钢渣的相互影响。

在实验过程中，因较大的添加量会导致砌块较难成型，控制添加量在较小的范围内进行实验。选取固定添加量为5%，变化添加量为5%、10%、15%、20%进行实验，具体配比如表6-10所示。

表 6-10　实验原料配比

编　号	脱硫渣添加量/%	钢渣添加量/%	纤维添加量/%	水灰比
1	5	5	1	0.6
2	5	10	1	0.6
3	5	15	1	0.6

续表 6-10

编　号	脱硫渣添加量/%	钢渣添加量/%	纤维添加量/%	水灰比
4	5	20	1	0.6
5	10	5	1	0.6
6	15	5	1	0.6
7	20	5	1	0.6

图 6-30 是实验制得样品的强度对比图，其中白色柱状图代表脱硫渣添加量固定不变，为5%，钢渣添加量逐步增大；黑色柱状图代表钢渣添加量保持5%不变，脱硫渣添加量逐步增大。单独分析白色柱状图，从图中可以明显看出，钢渣添加量为10%时砌块的强度达到最大，超过10%后砌块强度有所下降；单独分析黑色柱状图，可以得到相同的规律，以脱硫渣添加量10%为最大强度点，超出和降低强度均会降低。控制一种废弃物添加量为5%，另一种废弃物添加量达到10%时砌块强度会达到最大值。

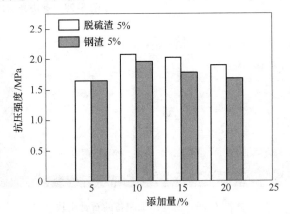

图 6-30　脱硫渣、钢渣对砌块强度的影响

另一方面，对比同一横坐标位置的两条柱状图，脱硫渣5%、钢渣10%时强度大于脱硫渣10%、钢渣5%时的强度，当脱硫渣5%、钢渣15%时强度大于脱硫渣15%、钢渣5%时的强度，当脱硫渣5%、钢渣20%时强度大于脱硫渣20%、钢渣5%时的强度，可以看出当两种废弃物添加总量相同时，添加较多钢渣的砌块其强度更大，说明在增强砌块强度方面，钢渣的作用大于脱硫渣。

图 6-31 是实验制得样品的密度对比图，其中白色柱状图代表脱硫渣添加量固定不变，为5%，钢渣添加量逐步增大；黑色柱状图代表钢渣添加量保持5%不变，脱硫渣添加量逐步增大。单独分析白色柱状图，从图中可以明显看出，随着钢渣添加量的逐渐增大（脱硫渣添加量5%保持不变），砌块密度也在增大；单独分析黑色柱状图，可以得到相同的规律，随着脱硫渣添加量的逐渐增大（钢渣添加量5%保持不变），砌块的密度变大。

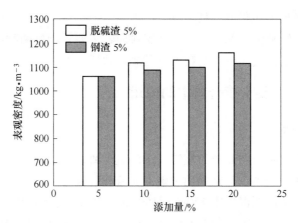

图 6-31 脱硫渣、钢渣对砌块密度的影响

另一方面，对比同一横坐标位置的两条柱状图，可以看出白色的柱状图始终高于右侧的黑色柱状图，说明当两种废弃物添加总量相同时，添加较多钢渣的砌块其密度更大，钢渣对砌块密度的影响大于脱硫渣。

从实验中可以推测，钢渣砌块增强效果要好于脱硫渣，为了进一步研究钢渣对砌块强度的影响，进行了在添加脱硫渣的基础上，再添加钢渣的实验，结果见表 6-11。

从表 6-11 可以看出，2 号样品在 1 号样品的基础上添加了 10% 的钢渣，得到的砌块强度有所提高。对比 3、4、5 号样品，在添加了 10% 的脱硫渣后，钢渣的加入使砌块的强度逐渐降低。这说明在脱硫渣添加量较低时，钢渣的加入有利于砌块强度的提高，当脱硫渣添加量过高时，钢渣的加入反而降低了砌块的强度。

表 6-11 实验结果

编 号	脱硫渣添加量/%	钢渣添加量/%	抗压强度/MPa
1	5	0	1.89
2	5	10	2.09
3	10	0	2.35
4	10	5	2.08
5	10	10	1.98

分析认为，当脱硫渣添加量为 5% 时，脱硫渣内所含碳酸钙等组分可以均匀分散在砌块内部，起到框架结构的作用；当再添加一定量的钢渣时，钢渣与碳酸钙共同起到框架作用，提高砌块强度；当脱硫渣添加量为 10%，作为框架结构的碳酸钙已达到饱和，再添加钢渣，多余的钢渣会同碳酸钙之间相互聚集，在砌块内部形成较大块的团聚，这些团聚不仅不能起到支撑砌块的作用，反而因形成的

疏松孔洞结构导致砌块强度降低。

因此在使用脱硫渣、钢渣制备石膏砌块时，需要控制好两种废弃物的添加总量，尽量保证添加的支撑框架材料恰好达到砌块所需的最佳用量。

6.4　脱硫渣在混凝土掺合料中的应用

6.4.1　实验方法

脱硫渣 a 渣和脱硫渣 b 渣为烧结厂干法脱硫渣，主要成分为氧化钙、氢氧化钙、亚硫酸钙和硫酸钙。分别采用脱硫渣 a 渣和脱硫渣 b 渣作混凝土掺合料，在不同掺加量条件下试制混凝土 150mm×150mm×150mm 标准试块。

将制作混凝土所需的原料（水泥、砂、碎石）按预设比例配好，先干混 5min，待物料均匀后，分次将一定量的水加入，边加边拌，再搅拌 10min，将混好的混凝土浆料加入模具后，在振动台上振实，静置 1d 后脱模，养护 7d 和 28d，分别测试试块早期抗压强度和终期抗压强度。

6.4.2　制备工艺研究

6.4.2.1　脱硫渣 a 渣掺加量探索试验

脱硫渣 a 渣掺加量探索试验的试验配方及早期抗压强度和终期抗压强度见表 6-12。

表 6-12　脱硫渣 a 渣掺加量探索试验

试块编号	原料配比条件							抗压强度/MPa	
	矿种/kg	水泥/kg	砂/kg	砾/kg	水/L	矿量/kg	备注	7d	28d
70901	—	3.7	9.3	12.8	2	0	空白	20.2	26.72
70902	a 渣	3.7	9.3	12.8	2	0.4	外掺10%	26.1	36.33
70903	a 渣	3.7	9.3	12.8	2.2	0.6	外掺15%	22	31.64
70904	a 渣	3.7	9.3	12.8	2.2	0.8	外掺20%	22.4	30.84
80601	—	3.7	9.3	12.8	2	0	空白	16.7	24.4
80602	新渣	3.7	9.3	12.8	2.5	1.1	外掺30%	14	21.9

由脱硫渣 a 渣掺加量试验可知，掺加量在 20% 以内时，混凝土试块 28d 强度略有升高，掺加量达 30% 时，混凝土试块 28d 强度下降。掺加脱硫渣 a 渣后混凝土试块需水量增加。

脱硫渣 a 渣抗压强度与掺加量的关系见图 6-32。

由图可知，掺加脱硫渣 a 渣后终期抗压强度略有升高，随着掺加量增加，终期抗压强度下降，掺加量在20%以内时，掺加脱硫渣 a 渣后的混凝土试块终期抗压强度高于空白试块；掺加量高于20%时，掺加脱硫渣 a 渣后的混凝土试块终期抗压强度低于空白试块。掺加脱硫渣 a 渣在20%以内时混凝土试块早期强度升高，掺加脱硫渣 a 渣超过20%时混凝土试块早期强度降低。

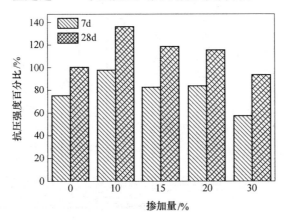

图 6-32　脱硫渣 a 渣抗压强度与掺加量的关系图

6.4.2.2　脱硫渣 b 渣掺加量探索试验

脱硫渣 b 渣掺加量探索试验的试验配方及早期抗压强度和终期抗压强度见表6-13。

表 6-13　脱硫渣 b 渣掺加量探索试验

试块编号	原料配比条件							抗压强度/MPa	
	矿种/kg	水泥/kg	砂/kg	砾/kg	水/L	矿量/kg	备注	7d	28d
70801	—	3.7	9.3	12.8	2	0	空白	12.2	28.02
70802	b渣	3.7	9.3	12.8	2	0.4	外掺10%	7.5	27.58
70803	b渣	3.7	9.3	12.8	2	0.6	外掺15%	9.6	30.5
70804	—	3.7	9.3	12.8	2.2	0.8	外掺20%	12.6	31.2
80501	b渣	3.7	9.3	12.8	2	0	空白	14.4	20.9
80504	b渣	3.7	9.3	12.8	2.5	1.1	外掺30%	11.2	19.5

由脱硫渣 b 渣掺加量试验可知，掺加量在20%以内时，混凝土试块28d强度略有升高，掺加量达30%时，混凝土试块28d强度下降。掺加脱硫渣 b 渣后混凝土试块需水量增加。

掺加脱硫渣 b 渣抗压强度与掺加量的关系见图6-33。

由图可见，脱硫渣 b 渣掺加量在20%以内时，终期抗压强度略有升高，随着掺加量增加，终期抗压强度升高，掺加量高于20%时，掺加脱硫渣 b 渣后的混凝土试块终期抗压强度低于空白试块。掺加脱硫渣 b 渣后混凝土试块早期强度降低，脱硫渣 b 渣掺加量低于 20%时，随着掺加量增加，早期抗压强度升高，超过 20%时混凝土试块早期抗压强度降低。

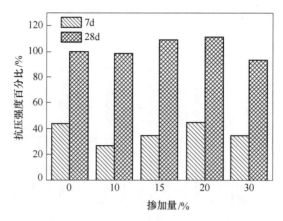

图 6-33　脱硫渣 b 渣抗压强度与掺加量的关系图

6.4.2.3　脱硫渣高掺加量系统试验

脱硫渣高掺加量系统实验的试验配方及早期抗压强度和终期抗压强度见表 6-14。

表 6-14　脱硫渣高掺加量系统实验

试块编号	原料配比条件							抗压强度/MPa	
	矿种/kg	水泥/kg	砂/kg	砾/kg	水/L	矿量/kg	备注	7d	28d
102701	—	11	12	30	4	0	空白	29.90	42.04
								28.99	41.64
								30.21	42.91
102702	b 渣	12.8	14	35	5.8	2.56	20%	16.90	27.19
								16.06	26.51
								19.02	30.19
102703	b 渣	12.8	14	35	5.8	3.84	30%	11.83	16.72
								11.75	16.18
								11.47	17.77
102704	a 渣	6.4	7	17.5	2.4	1.28	20%	—	32.89
								—	28.26
								—	33.35

选取不同的配方，每组实验重复 3 次，同组试验内结果比较接近，数据可靠性高。增加脱硫渣掺加量后，混凝土试块早期抗压强度和终期抗压强度都有所降低。掺加脱硫渣 a 渣和脱硫渣 b 渣 20% 时，强度下降不明显，掺加脱硫渣 b 渣 30% 时，强度明显下降。

掺加脱硫渣 b 渣和脱硫渣 a 渣后抗压强度与掺加量的关系见图 6-34 和图 6-35。

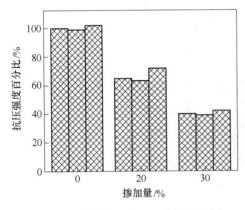

图 6-34 脱硫渣 b 渣 28d 抗压强度图

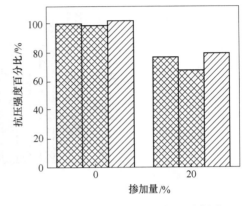

图 6-35 脱硫渣 a 渣 28d 抗压强度图

6.4.2.4 脱硫渣 a 渣外掺系统试验

调整混凝土配方，分别外掺脱硫渣 a 渣 10%、20%、30%，试验配方及早期抗压强度和终期抗压强度见表 6-15。

表 6-15 脱硫渣 a 渣外掺试验配方及强度

试块编号	原料配比条件							抗压强度/MPa	
	水泥/kg	砂/kg	砾/kg	水/L	矿量/kg	备注	终凝时间	7d	28d
0	15.1	21.7	46.1	6.9	0	空白	24h	12.89	22.88
								12.24	20.29
								13.09	21.37
1	9.1	19.5	27.6	4.2	0.9	外10%	36h	8.98	17.81
								9.48	19.86
								10.29	18.33
2	15.1	21.7	46.1	7.4	3.02	外20%	36h	9.17	21.41
								9.60	21.32
								9.21	22.01
3	9.1	19.5	27.6	4.2	2.7	外30%	36h	3.46	8.10
								3.00	8.61
								1.68	—

外掺脱硫渣 a 渣的掺加量在 20% 以内时，终期抗压强度下降不明显，掺加量超过 20% 时，终期抗压强度下降明显，早期强度有类似的规律。掺加脱硫渣后混凝土试块终凝时间增长。此组试验混凝土试块整体抗压强度较低，与试验配方有关。

外掺脱硫渣 a 渣试验终期抗压强度见图 6-36。

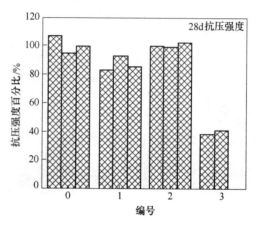

图 6-36　外掺脱硫渣 a 渣试验终期抗压强度图

选取不同的配方，每组实验重复 3 次，由图 6-36 可见，同组试验内结果比较接近，数据可靠性高。外掺脱硫渣 a 渣掺加量达 30% 时，混凝土试块 28d 抗压强度下降明显，只有空白混凝土试块 28d 抗压强度的一半。掺加量低于 20% 时，混凝土 28d 抗压强度几乎没有下降。

6.4.2.5　脱硫渣 a 渣内掺系统试验

调整混凝土配方，分别内掺脱硫渣 a 渣 10%、20%、30%，试验配方及早期抗压强度和终期抗压强度见表 6-16。

表 6-16　脱硫渣 a 渣内掺试验配方及强度

试块编号	原料配比条件							抗压强度/MPa	
	水泥/kg	砂/kg	砾/kg	水/L	矿量/kg	备注	终凝时间	7d	28d
0	15.1	21.7	46.1	6.9	0	空白	24h	12.89	22.88
								12.24	20.29
								13.09	21.37
4	8.2	19.5	27.6	4.2	0.9	内10%	36h	5.97	15.10
								4.50	15.57
								5.52	13.88

试块编号	原料配比条件							抗压强度/MPa	
	水泥/kg	砂/kg	砾/kg	水/L	矿量/kg	备注	终凝时间	7d	28d
5	7.3	19.5	27.6	4.2	1.8	内 20%	48h	0.69	5.88
								0.81	5.38
								1.55	
6	6.4	19.5	27.6	4.7	2.7	内 30%	48h	0.07	—

　　内掺脱硫渣 a 渣的掺加量超过 20%时，混凝土终期抗压强度很低，在搬运过程中就可以摔碎，故没有测试其抗压强度。掺加量小于 20%时，制备的混凝土抗压强度相对于空白试块也有较大的降低。掺加脱硫渣后混凝土试块终凝时间增长。此组试验混凝土试块整体抗压强度较低，与试验配方有关。

　　内掺脱硫渣 a 渣试验终期抗压强度见图 6-37。

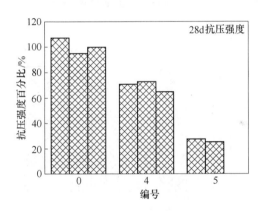

图 6-37　内掺脱硫渣 a 渣试验终期抗压强度图

　　选取不同的配方，每组实验重复 3 次，由图 6-37 可知，同组试验内结果比较接近，数据可靠性高。内掺脱硫渣 a 渣的掺加量达 30%时，混凝土试块 28d 抗压强度很低，无法测试，掺加量低于 20%时，混凝土 28d 抗压强度也有比较明显的下降，内掺混凝土试块的抗压强度明显低于外掺混凝土试块的抗压强度。

6.4.2.6　脱硫渣 a 渣激发试验

　　掺加脱硫渣 a 渣激发实验的试验配方及早期抗压强度和终期抗压强度见表 6-17。

　　掺加脱硫渣 a 渣后，混凝土试块早期抗压强度和终期抗压强度都有不同程度的降低，脱硫渣 a 渣主要以钙质碱性成分为主，故选取硅酸盐为激发剂，添加激发剂激发后，混凝土试块早期抗压强度和终期抗压强度都有所增强。

表 6-17　掺加脱硫渣 a 渣激发实验

试块编号	原料配比条件							抗压强度/MPa	
	矿种/kg	水泥/kg	砂/kg	砾/kg	水/L	矿量/kg	备注	7d	28d
0	—	11	12	30	4	0	空白	29.78	40.86
								30.43	—
1	a 渣	11	12	30	4	2.2	外掺 20%	18.45	27.94
								—	32.44
2	a 渣	11	12	30	4	2.2	外掺 20% 4%激发剂	23.19	34.86
								23.76	—

激发后脱硫渣 a 渣掺加 20%时制备的混凝土试块满足 C30 混凝土试块的标准。

掺加脱硫渣 a 渣及激发系统实验抗压强度见图 6-38。

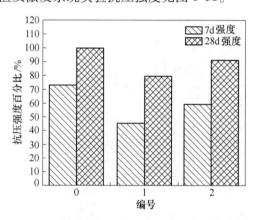

图 6-38　脱硫渣 a 渣及激发系统实验抗压强度图

检测激发后脱硫渣 a 渣掺加 20%时制备的混凝土试块，检测依据 GB/T 50107—2010，检验结果见表 6-18。

表 6-18　混凝土试块检验结果

检验项目		技术要求	计量单位	检验数据	单项结论
抗压强度	单个值	—	MPa	37.3	—
				34.8	
				34.2	
	平均值	≥34.5		35.4	合格
	最小值	≥28.5		34.2	合格

混凝土试块检验结果各项指标均满足 C30 要求。

6.5 脱硫渣在路基材料中的应用

6.5.1 实验方法

6.5.1.1 击实试验

将黏土风干，破碎到能通过 4.75mm 的筛孔，在预备做击实试验的前一天，取有代表性的试料测定其风干含水量。试验前用游标卡尺测量试模内径和高度，计算得击实筒容积 $V = 110.8\text{cm}^3$。预先设定 5 个不同含水量，依次相差 2% ～ 5%，设定的含水量在估计的最佳含水量附近。

根据预先设定的含水量，计算出黏土、脱硫渣和加水量。将按比例配好的黏土和脱硫渣混合均匀，加入一定量的水。按设定的锤击方式和锤击次数将其锤入击实筒。

用脱模器将击实筒内试样推出，从试样内部由上至下取有代表性的样品，测定其含水量。烘箱的温度预先调整到 110℃，以使放入的试样能立即在 105～110℃ 的温度下烘干。

6.5.1.2 路基材料试块的制备及测试

路基材料试块的制备流程：配料—混合—装模—压制—脱模—静置—养护。

将黏土和脱硫渣按最佳含水量配好，按一定量装入模具，在自动压片机中压制成圆柱试块，养护 7d 后测试无侧限抗压强度。

6.5.2 材料性能表征

6.5.2.1 击实试验

击实试验的目的是为了寻找不同脱硫渣掺加量下的最佳含水量，即试样干密度最大时的含水量。分别进行了脱硫渣 a 渣掺加量 30%、40%、50% 和 60% 及 CaO 掺加量 40% 下试样的最佳含水量，表中 ρ_w 表示试样湿密度，ρ_d 表示干密度。

脱硫渣 a 渣掺加量为 30% 时击实试验结果见表 6-19。

表 6-19 脱硫渣 a 渣掺加量 30% 击实试验结果

设定含水量/%	25	30	35	40	50
湿重/g	192.55	188.62	206.85	197.70	203.43
击实后含水量/%	15.27	16.81	21.54	24.08	28.92
$\rho_w/\text{g} \cdot \text{cm}^{-3}$	1.738	1.702	1.867	1.784	1.836
$\rho_d/\text{g} \cdot \text{cm}^{-3}$	1.508	1.457	1.536	1.438	1.424

击实后含水量与干密度的关系见图 6-39。

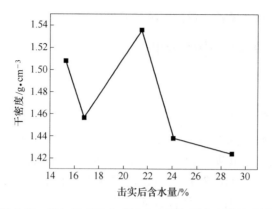

图 6-39　掺加量 30%击实后含水量与干密度的关系图

由图可知脱硫渣掺加量为 30%时，最佳含水量为 21.54%，最大干密度为 1.536g/cm³。

脱硫渣 a 渣掺加 40%击实试验结果见表 6-20。

表 6-20　脱硫渣 a 渣掺加量 40%击实试验结果

设定含水量/%	27	30	33	35	37
湿重/g	201.36	195.18	195.87	198.82	194.27
击实后含水率/%	24.78	25.84	27.74	28.34	40.26
ρ_w/g·cm⁻³	1.817	1.762	1.768	1.794	1.753
ρ_d/g·cm⁻³	1.456	1.400	1.384	1.398	1.250

击实后含水量与干密度的关系见图 6-40。

由图可知脱硫渣掺加量为 40%时，最佳含水量为 24.78%，最大干密度为 1.456g/cm³。

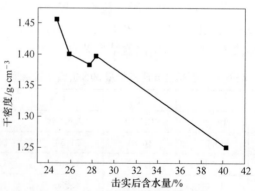

图 6-40　掺加量 40%击实后含水量与干密度的关系图

脱硫渣 a 渣掺加 50%击实试验结果见表 6-21。

表 6-21 脱硫渣 a 渣掺加量 50%击实试验结果

设定含水量/%	20	22	24	26	28
湿重/g	191.55	193.6	195.91	188.37	187.33
击实后含水率/%	19.27	21.52	22.44	24.15	26.92
$\rho_w/g \cdot cm^{-3}$	1.728	1.748	1.768	1.700	1.691
$\rho_d/g \cdot cm^{-3}$	1.308	1.438	1.444	1.367	1.332

击实后含水量与干密度的关系见图 6-41。

由图可知脱硫渣掺加量为 50%时，最佳含水量为 22.44%，最大干密度为 1.444g/cm³。

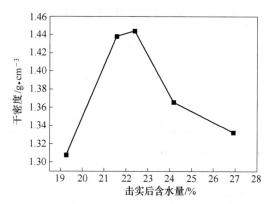

图 6-41 掺加量 50%击实后含水量与干密度的关系图

脱硫渣 a 渣掺加 60%击实试验结果见表 6-22。

表 6-22 脱硫渣 a 渣掺加量 60%击实试验结果

设定含水量/%	20	22	24	26	28
湿重/g	183.25	186.78	189.77	192.32	194.27
击实后含水率/%	18.78	20.29	21.26	22.79	26.26
$\rho_w/g \cdot cm^{-3}$	1.654	1.686	1.713	1.737	1.753
$\rho_d/g \cdot cm^{-3}$	1.393	1.401	1.412	1.414	1.250

击实后含水量与干密度的关系见图 6-42。

由图可知脱硫渣掺加量为 60%时，最佳含水量为 21.26%，最大干密度为 1.412g/cm³。

CaO 掺加 40%击实试验结果见表 6-23。

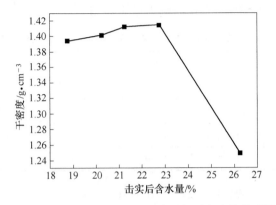

图 6-42　掺加量 60%击实后含水量与干密度的关系图

表 6-23　CaO 掺加量 40%击实试验结果

设定含水量/%	30	32	34	36	38
湿重/g	171.02	168.22	186.82	192.37	191.25
击实后含水率/%	14.47	14.79	17.94	18.89	20.02
$\rho_w/g \cdot cm^{-3}$	1.544	1.518	1.686	1.736	1.726
$\rho_d/g \cdot cm^{-3}$	1.348	1.322	1.429	1.460	1.438

击实后含水量与干密度的关系见图 6-43。

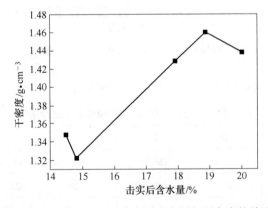

图 6-43　CaO 掺加量 40%击实后含水量与干密度的关系图

由图可知 CaO 掺加量为 40%时，最佳含水量为 18.89%，最大干密度为 1.460g/cm³。

脱硫渣 a 渣掺加量与最佳含水量及最大干密度关系见图 6-44。

由图 6-44 可知，随着脱硫渣 a 渣掺加量增加，最大干密度下降，当脱硫渣 a 渣掺加量为 40%时最佳含水量最大为 24.78%。

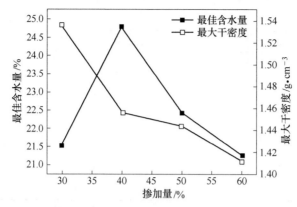

图6-44 脱硫渣a渣掺加量与最佳含水量及最大干密度关系图

脱硫渣a渣掺加量与最佳含水量及最大干密度之间的关系见表6-24。

表6-24 CaO掺加量40%击实试验结果

掺加量/%	30	40	50	60
最佳含水量/%	21.54	24.78	22.44	21.26
最大干密度/g·cm^{-3}	1.536	1.456	1.444	1.412

6.5.2.2 无侧限抗压强度测试

在最佳含水量的基础上制备路基材料试块，测试路基材料无侧限抗压强度，评价脱硫渣在路基材料中的应用效果。

无侧限抗压强度是指试样在无侧向压力条件下，抵抗轴向压力的极限应力。无侧限抗压试验的强度值常作为土体（特别是软黏土）的天然强度值，也是确定土体灵敏度指标（土体灵敏度是指原状土的无侧限抗压强度与重塑后的无侧限抗压强度的比值）的主要方法。

脱硫渣a渣掺加量为30%、40%、50%、60%的路基材料配方及浸水7d无侧限抗压强度见表6-25。

由表6-25可见，掺加脱硫渣a渣能明显提高路基材料试块的无侧限抗压强度，掺加量为40%时，路基材料试块无侧限抗压强度最高，可达0.802MPa，平均抗压强度约为0.679MPa，超过空白试块的10倍。

脱硫渣a渣路基材料浸水7d无侧限抗压强度与掺加量的关系见图6-45。

表6-25 脱硫渣a渣路基材料配方及浸水7d无侧限抗压强度

泥土/g	脱硫渣a渣/g	水/mL	浸水7d无侧限抗压强度/MPa	备 注
325	0	37	0.064	空白
220	66	51	0.526	掺加30%
			0.584	
			0.629	

续表 6-25

泥土/g	脱硫渣 a 渣/g	水/mL	浸水 7d 无侧限抗压强度/MPa	备　注
220	88	66	0.619	掺加 40%
			0.617	
			0.802	
220	110	63	0.46	掺加 50%
220	132	69	0.283	掺加 60%
			0.248	
			0.425	

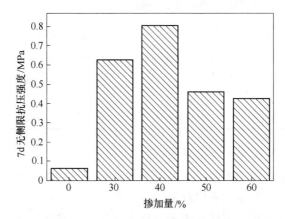

图 6-45　脱硫渣 a 渣 7d 无侧限抗压强度图

脱硫渣与 CaO、水泥等对比路基材料配方及浸水 7d 无侧限抗压强度见表 6-26。

表 6-26　对比路基材料配方及浸水 7d 无侧限抗压强度

泥土/g	脱硫渣/g	CaO	水泥/g	水/mL	浸水 7d 无侧限抗压强度/MPa	备　注
220	110	0	0	51	0.099	掺加 b 渣 30%
220	132	0	0	66	0.113	掺加 b 渣 40%
220	0	88	0	49	1.593	CaO 掺加 40%
220	132	0	0	66	0.445	掺加预处理 a 渣 40%
211.2	132	0	8.8	66	2.225	掺加水泥 4%，掺加 a 渣 40%

由表可见，CaO 掺加量为 40% 时，路基材料试块 7d 抗压强度明显高于掺加脱硫渣的路基材料试块，这是因为脱硫渣中除含有 CaO 外还含有 $CaSO_4$、

Ca(OH)$_2$等，影响其对土壤的固化效果。预处理 a 渣是指脱硫渣 a 渣在使用前先让其吸收饱和，其 7d 无侧限抗压强度相比未预处理的脱硫渣 a 渣更低，可见预处理对脱硫渣 a 渣用于路基材料有负作用。掺加脱硫渣 b 渣，路基材料试块 7d 无侧限抗压强度整体不如 a 渣。掺加水泥对路基材料试块 7d 无侧限抗压强度有很明显的提高。

路基材料试块其他情况下的无侧限抗压强度见表 6-27。

表 6-27 路基材料试块其他情况下的无侧限抗压强度

条 件	未浸水 7d 无侧限抗压强度/MPa	浸水 28d 无侧限抗压强度/MPa	未浸水 28d 无侧限抗压强度/MPa
空白	—	0.28	—
a 渣掺加 30%	—	0.354	2.937
		0.318	
		0.328	
a 渣掺加 40%		0.389	3.008
		0.399	
a 渣掺加 50%	1.309	—	—
a 渣掺加 60%	1.380	—	—
CaO 掺加 40%	1.486	—	—
掺加 b 渣 30%	0.955	—	—
掺加 b 渣 40%	1.415	—	—
掺加水泥 4%，掺加 a 渣 40%	5.662	—	—

由表可见，掺加脱硫渣后 28d 无侧限抗压强度相比 7d 无侧限抗压强度有所下降，但干测 28d 无侧限抗压强度值较高。干测 7d 无侧限抗压强度值较浸水后 7d 无侧限抗压强度高。

参 考 文 献

[1] 曹杨，李国忠，李建权．玻璃纤维/石膏复合材料的耐水性能研究 [J]．武汉理工大学学报，2007（07）：42~46．

[2] 李国忠，高子栋，马庆宇．聚丙烯纤维和有机乳液复合改性脱硫建筑石膏 [J]．建筑材料学报，2010（04）：430~434．

[3] 李国忠，于衍真，王志，等．植物纤维增强石膏复合材料的微观结构研究 [J]．复合材料学报，1997（03）：73~77．

［4］ 刘康．混凝土灌芯纤维增强石膏板抗震性能的试验研究及有限元分析［D］．天津：天津大学，2003.

［5］ 柳华实，彭瑜，葛曷一，等．玻璃纤维增强石膏的研究［J］．建材技术与应用，2005（05）：7~9.

［6］ 王裕银，李国忠，柏玉婷．玉米秸秆纤维/脱硫石膏复合材料的性能［J］．复合材料学报，2010，27（06）：94~99.

［7］ 魏桂芳，彭家惠，陈燕，等．聚羧酸减水剂及聚丙烯纤维对陶瓷模具石膏性能的影响［J］．硅酸盐通报，2012，31（06）：1403~1408.

［8］ 吴其胜，黎水平，刘学军，等．农作物秸秆纤维增强脱硫石膏墙体材料的制备与研究［J］．新型建筑材料，2012，（01）：32~35.

［9］ 杨林．纤维增强改性磷石膏轻质墙体材料［D］．武汉：武汉工程大学，2014.

［10］ 赵敏，彭家惠，张明涛，等．聚丙烯纤维增强陶瓷模型石膏性能及机理研究［J］．四川大学学报（工程科学版），2014，46（01）：177~182.

［11］ Li X G, Chen Q B, Ma B G, et al. Utilization of modified CFBC desulfurization ash as an admixture in blended cements: physico-mechanical and hydration characteristics［J］. Fuel, 2012, 102: 674~680.

［12］ Tesarek P, Drchalova J, Kolísko J, et al. Flue gas desulfurization gypsum: Study of basic mechanical, hydric and thermal properties［J］. Construction and Building Materials, 2007, 21（7）: 1500~1509.

［13］ 王强．钢渣的胶凝性能及在复合胶凝材料水化硬化过程中的作用［D］．北京：清华大学，2010.

［14］ 张朝晖，廖杰龙，巨建涛，等．钢渣处理工艺与国内外钢渣利用技术［J］．钢铁研究学报，2013，25（07）：1~4.

［15］ 程绪想，杨全兵．钢渣的综合利用［J］．粉煤灰综合利用，2010，123（05）：45~49.

［16］ 侯贵华，李伟峰，王京刚．转炉钢渣中物相易磨性及胶凝性的差异［J］．硅酸盐学报，2009，37（10）：1613~1617.

7 铜尾矿提取重晶石

7.1 引言

重晶石属于硫酸盐类矿物，化学式为 $BaSO_4$，组成为 65.7% 的 BaO 和 34.3% 的 SO_3。重晶石属于斜方晶系，硬度 3~3.5，在非金属矿产品中，它的硬度值较高。密度为 $4.5g/cm^3$，比重为 4.3~4.7，矿物晶体透明至半透明，以板状或棱柱体产出，并呈现出玻璃、松脂光泽[1]，某些重晶石在底轴面上会呈现珍珠光泽。重晶石的晶型成板状放射晶簇、粗叶理状、粒状、土状等。矿物的颜色从无色、白色至淡蓝、浅黄和浅红不一，条痕为白色[2]。重晶石难溶于水和酸、无毒、无磁性，能吸收 X 射线和 γ 射线[3]。

重晶石是一种应用广泛的非金属矿，在化工上主要用于生产碳酸钡、氯化钡、硫酸钡、锌钡白、氢氧化钡、氧化钡等各种化合物，这些钡化合物应用领域十分广泛。如碳酸钡可广泛用于彩电、电脑、工业陶瓷、电子元件和洗涤等行业[4]。此外，钡化合物还广泛应用于试剂、催化剂、糖的精制、纺织、防火、焰火、合成橡胶、塑料、杀虫剂、钢的表面淬火、荧光粉、焊药等[5]。此外，在医药、农业上亦有广泛的用途。在玻璃工业上，主要用作助熔剂、去氧剂和澄清剂。在建筑上可用作混凝土骨料、铺路材料等。美国利用重晶石回收汽车废金属，可以使金属铝与其他有色金属分离，从而提高金属回收的质量。在水泥工业中，用重晶石与萤石作为复合矿化剂可提高水泥强度和降低烧成温度。用重晶石做钡水泥、重晶石砂浆和重晶石混凝土，用以代替金属铅板屏蔽反应堆和建造防X 射线的建筑物[6]。在道路建设上，加入重晶石的柏油混合物是一种耐久的铺路材料。当前开发研究重晶石的深加工已成为热点。据报道，通过重晶石的超细加工，其产品超微粉可以代替沉淀硫酸钡及 $44\mu m$ 重晶石、白炭黑、立德粉、钛白粉在造纸、橡胶、油漆、塑料中的应用，其最终产品不仅符合质量要求，而且其中某些性能有所提高。如用超微粉体代替 $44\mu m$ 重晶石粉压制硬质聚氯乙烯板，拉伸强度和弯曲强度均高于原配方。随着深加工技术的发展，其应用领域亦将不断得以拓宽。因此，重晶石的开发利用具有十分广阔的发展前景，从尾矿中提取重晶石，对于加强资源高效利用、实现循环经济、开发重晶石资源新途径都具有重要的现实意义。

7.2　铜尾矿工艺矿物学

7.2.1　铜尾矿的多元素分析

对原矿进行化学成分分析，确定矿石中各元素的含量，结果如表 7-1 所示。

表 7-1　尾矿的主要成分　　　　　　　　　（%）

BaSO$_4$	Cu	S	SiO$_2$	Al$_2$O$_3$	CaO	MgO	TiO$_2$	Fe$_2$O$_3$
11.53	0.112	2.25	65.7	8.35	2.58	1.80	0.45	3.45

从原矿多元素分析结果可以看出：铜、铅、锌的含量较低，硫化矿物可能为黄铁矿，通过计算，原矿中含 2.25% 的硫，其中 1.5% 左右为 $[SO_4]^{2-}$ 的硫，硫化矿中的硫占 0.75%，可以考虑浮选脱除。选矿尾矿的主要杂质为铝硅酸盐矿物，其中硅矿物最多，此外还有少量碳酸盐。

7.2.2　铜尾矿的物相组成

图 7-1 为尾矿样品的 X 射线衍射图，表 7-2 为矿物化学式及主要粉晶数据。根据对应卡片号上的主要粉晶数据所示的位置及其强度，可以定性地鉴别出尾矿中所包含的主要物相有石英、方解石、绿泥石、白云母和重晶石。

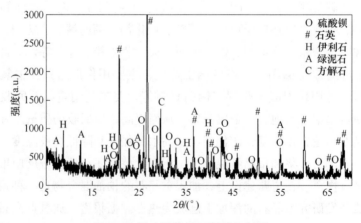

图 7-1　尾矿样品的 X 射线衍射图

从图 7-1 所示衍射峰的强度，可以定量地确定尾矿中 SiO$_2$ 含量约为 67%，BaSO$_4$ 含量约为 10%，还含有其他一些非金属矿物成分，其 X 衍射谱线特点表现为以下几个方面：

（1）样品中因 SiO$_2$ 含量大，谱线中几条 SiO$_2$ 的衍射线最强；

（2）其他一些非金属矿物成分含量较接近，其中方解石、绿泥石、白云母的衍射峰强度较为接近，说明三者的含量也较为接近；

（3）图中没有明显的金属氧化物、硫化物的衍射峰，可能二者的含量都低于 XRD 的检测限，需要用其他方法进行表征。

表7-2 矿物化学式及主要粉晶数据

矿物名称	化 学 式	主要粉晶数据			卡片号
		d_1/I_1	d_2/I_2	d_3/I_3	
石英 （Quartz）	SiO_2	3.34/100	4.26/35	1.82/17	5-0490
绿泥石 （Chlorite）	$6(Fe,Mg)O \cdot 2Al_2O_3 \cdot 3SiO_2 \cdot 5H_2O$	7.05/100	3.52/90	14.1/50	12-243
方解石 （Calcite）	$CaO \cdot CO_2$	3.04/100	2.29/18	2.10/18	5-0586
白云母 （Muscovite）	$K_2O \cdot 3Al_2O_3 \cdot 6SiO_2 \cdot 2H_2O$	9.97/100	3.33/100	4.99/53	7-42
重晶石 （Barite）	$BaSO_4$	3.44/100	3.10/97	2.12/80	5-0448

综上所述，XRD 物相定量结果表明，尾矿中含有约 67% 的 SiO_2，$BaSO_4$ 含量仅为 10% 左右，含有白云母 5%、方解石 4%、绿泥石 3%，金属氧化物、硫化物的含量低于 XRD 的检测限。

7.2.3 铜尾矿中的矿物种类与矿物学特性

7.2.3.1 金属矿物组成与特性

观察用尾矿样品制备的光片，如图 7-2 所示为样品的反光照片。由图可知，尾矿中主要金属矿物含量不多，主要以小于 $20\mu m$ 的星点状分布于黏土矿物中，可能为黄铁矿、黄铜矿、褐铁矿、方铅矿、闪锌矿等矿物，具体成分有待微区分析进一步验证。主要矿物的特征如下。

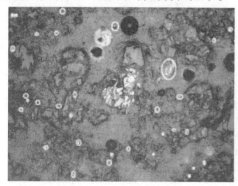 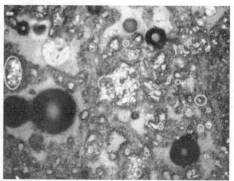

图 7-2 尾矿样品的反光照片

A　黄铁矿

黄铁矿是尾砂中铁的主要矿物，以自晶或半自形形式存在，黄铁矿具有不同程度的氧化现象，主要以三种形式存在：

（1）一般以立方体自形晶的形式存在，如图7-3所示，颗粒大小约为40μm×40μm，可见黄铁矿是以单晶形式出现；

（2）黄铁矿通常被包裹于石英或岩石碎屑颗粒之中，如图7-4所示，颗粒大小约为4μm×4μm；

（3）在石英颗粒中有黄铁矿以及黄铜矿等包裹体，如图7-5所示，黄铁矿以自形晶的形式存在，黄铁矿与黄铜矿独立分布于石英等颗粒中。

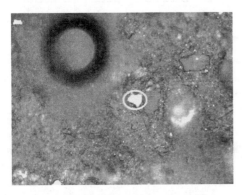

图7-3　黄铁矿以立方体自形晶的
形式存在（反光）

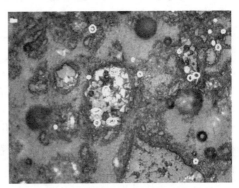

图7-4　黄铁矿被包裹于石英或
岩石碎屑颗粒之中（反光）

B　黄铜矿

黄铜矿为尾矿中主要的含铜矿物，主要以两种形式存在：（1）黄铜矿以单晶颗粒存在，如图7-6所示，大小约为60μm×80μm左右，为自形晶；（2）黄铜

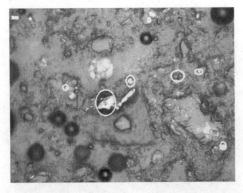

图7-5　石英颗粒中黄铜矿和
闪锌矿的包裹体（反光）

图7-6　黄铜矿以单晶颗粒
存在（反光）

矿呈包体形式存在于石英颗粒之中，如图 7-7 所示，大小约为 10μm 以下，石英
与黄铜矿呈星点状接触关系。

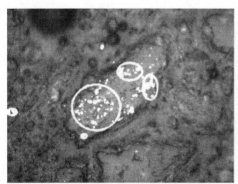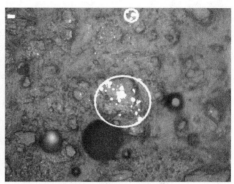

图 7-7 黄铜矿呈包体形式存在于石英颗粒之中（反光）

C 闪锌矿

闪锌矿是尾矿中主要的锌矿物，在尾矿中主要存在特征：闪锌矿与石英的嵌
布关系较为复杂，如图 7-8 所示，闪锌矿常被包裹于石英颗粒之中，与石英呈港
湾状、锯齿状接触和包裹关系。

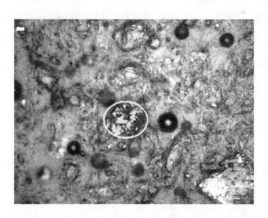

图 7-8 闪锌矿与石英呈港湾状、锯齿状接触和包裹关系（反光）

7.2.3.2 非金属矿物组成与特性

XRD 结果表明，尾矿中主要矿物组成为非金属矿物。其中石英约占 67%、
重晶石 9%、白云母 5%、绿泥石 4%、方解石 3%。根据这些主要矿物在显微镜
下最常见的特性，对矿物作出初步鉴定，圈定其范围，见表 7-3，便于进一步分
析鉴定。

表 7-3　矿物化学式及在显微镜下最常见的特性

矿物名称	化学式	折射率	特征	晶轴	光性
石英 (Quartz)	SiO_2	1.544	非均质体	一轴晶	(+)
绿泥石 (Chlorite)	$6(Fe, Mg)O \cdot 2Al_2O_3 \cdot 3SiO_2 \cdot 5H_2O$	1.660	非均质体	二轴晶	(+)
方解石 (Calcite)	$CaO \cdot CO_2$	1.658	非均质体	一轴晶	(−)
白云母 (Muscovite)	$K_2O \cdot 3Al_2O_3 \cdot 6SiO_2 \cdot 2H_2O$	1.611	非均质体	一轴晶	(−)
重晶石 (Barite)	$BaSO_4$	1.637	非均质体	二轴晶	(+)
树脂 (Telegdite)	碳氢化合物	1.542	均质体		

表 7-3 中所列的树脂作为黏结剂加入到尾矿粉末中，树脂作为均质体，在正交偏光镜下转动载物台，永呈消光现象，而以上非金属矿物作为非均质体除垂直于光轴切面外，在正交偏光镜下转动时四次明亮四次黑暗。由干涉图的种类判断它是一轴晶或二轴晶。通过插入试板云母片鉴定快光为负光性（−），慢光为正光性（+）。薄片的颜色稳定，所以作为鉴别标准比较可靠，氢氧化物常为无色，Si、Al、K、Na、Mg、Ca、Ba 等元素的化合物大部分也是无色的。

A　石英

石英是尾矿的主要成分，颗粒的磨圆度较差，具有棱角，呈碎屑状，其颗粒大小为 20μm 左右（图 7-9）；在石英晶体中有少量的闪锌矿、黄铁矿等包裹体存在（图 7-10），其中有少量的铁质浸染现象，并包裹有含铁的金属矿物。

图 7-9　尾矿中的石英颗粒背散与二次电子 SEM 图

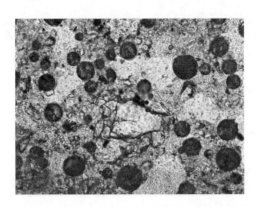

图 7-10　石英晶体中可见有少量的闪锌矿、黄铁矿等包裹体（正交偏光）

B　重晶石

重晶石是尾矿中需要确定其赋存状态的目标矿物。$BaSO_4$ 属斜方晶系，与天青石可形成连续固溶体系列 [（Ba，Sr）SO_4]，少量 Ca、Pb 及微量 Ra 可代换Ba。晶体常呈沿（001）的板状，或沿 a 轴、b 轴的柱状，也呈球晶状、纤维状、厚片状、粒状、结核状、豆状或土状集合体。

在尾矿中重晶石主要以两种存在形式：

（1）呈板状或柱状集合体形式以单晶颗粒存在，重晶石晶体为自形晶，如图 7-11 所示，大小约为 $40\mu m \times 90\mu m$ 左右；

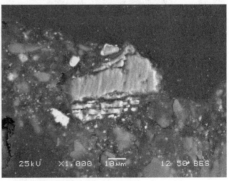

图 7-11　重晶石以自形晶集合体分布于石英等颗粒之中（背散 SEM 图）

（2）呈厚片状、粒状、结核状、豆状集合体分布于颗粒较大的石英、方解石等颗粒之中（图 7-12）。

C　绿泥石、白云母等黏土矿物

绿泥石、白云母等黏土矿物为主要的脉石矿物，在镜下多为隐晶质结构，黏土矿物颗粒以岩屑形式或微粒形式存在（图 7-13~图 7-15）。

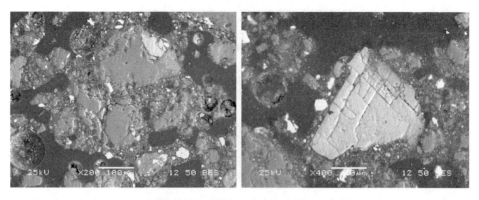

图 7-12　呈星点状分布于颗粒较大的石英、岩石碎屑等颗粒之中

图 7-13　黏土矿物颗粒以岩屑形式或微粒形式存在（背散 SEM 图）

D　方解石

　　方解石为尾矿中主要的脉石矿物，部分有解理。解理是矿物的特性，是根据结晶构造而发生的一种稳定的特性，也是鉴定矿物的一个很好的标准。尾矿光片中方解石矿物的反光显微镜照片和背散射照片见图 7-16。

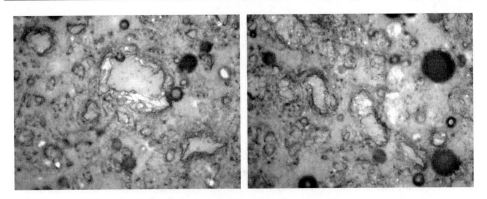

图 7-14　黏土矿物颗粒以岩屑形式或微粒形式存在（反光照片）

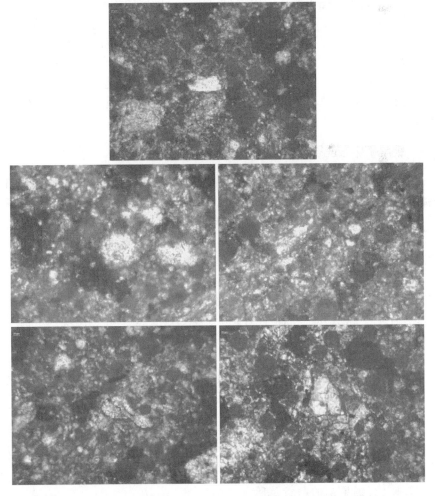

图 7-15　黏土矿物颗粒以岩屑形式或微粒形式存在（偏光照片）

图 7-16　方解石部分解理状态的反光照片和 SEM 图

以上结果表明，尾矿样品中矿物组成较多，尾矿中主要金属矿物含量不多，主要为黄铁矿、黄铜矿、闪锌矿等矿物，闪锌矿呈颗粒状，主要与其他矿物结合在一起。脉石矿物主要有白云母（5%）、绿泥石（4%）、石英（67%）和方解石（3%）等。方解石主要出现在硅质岩中，它以碎屑状、块状与石英结合在一起。重晶石在尾砂中主要以集合体、星点状、包裹体三种形式存在，重晶石包裹在黏土矿中是影响尾矿品位和精矿品位的主要原因，黏土矿是尾矿进一步提纯除杂的主要对象，这一结论为尾矿精加工工艺的选择提供了科学依据。

7.2.4　铜尾矿中重晶石与杂质矿物的关系

（1）重晶石形态较为多样，呈板状、柱状、球晶状、纤维状、厚片状、粒状、结核状，粒度大小不一，粒度小于 $80\mu m$。重晶石既以板状、柱状集合体单独存在，也常与其他矿物共生。重晶石主要与石英、方解石、黄铁矿等杂质矿物共存。

（2）纯净的重晶石具有碎屑状、厚片状、柱状、球晶状、结核状，其颗粒尺寸范围在 $10\mu m$ 至 $50\mu m$ 之间，Ba/S 原子比值为 1，与 $BaSO_4$ 中 Ba/S 原子比值一致，说明 $BaSO_4$ 晶体纯净，纯度相当高。因此，经选矿工艺浮选所得到的尺寸较大的重晶石颗粒，其纯度、品位将会较高。

（3）尾矿中除了 Ba 强烈富集外，Sr、Ca、Fe、Cr、Cu 也出现一定程度的富集。Sr^{2+} 与 Ba^{2+} 具有相近的化学性质，可以以类质同象方式替代重晶石中的 Ba^{2+}，从而引起 Ba 含量降低。钡长石可以与黄铁矿和黄铜矿相互结合出现，也可以与闪锌矿和方解石相互结合出现。由于钡包裹在杂质矿物晶格中，将很难被选出，从而降低回收率，也是导致产物品位降低的主要原因。

7.3　铜尾矿提取重晶石

7.3.1　铜尾矿提取重晶石的磨矿试验

7.3.1.1　铜尾矿的筛析试验

制备的尾矿矿样作为磨矿的原料给矿，对这部分矿石进行筛析，结果见表7-4。

表 7-4 尾矿的筛析分析

粒级/mm	重量	产率/%	BaSO$_4$品位/%	BaSO$_4$分布率/%
+0.18	23.80	4.81	1.32	0.55
-0.18+0.124	38.12	7.71	1.64	1.10
-0.124+0.074	50.13	10.14	3.27	2.89
-0.074+0.048	109.93	22.23	7.57	14.66
-0.048+0.031	150.21	30.38	16.47	43.59
-0.031	122.31	24.73	17.26	37.20
合 计	494.50	100	11.48	100

可见原矿中 BaSO$_4$ 主要富集在细粒级，这是因为 BaSO$_4$ 的硬度为 2.5~3.5，而石英的硬度为 7，两者硬度相差较大，在破碎过程中 BaSO$_4$ 优先破碎，单体解离出来。所以可以考虑把+0.074mm 的粒级分离出去，其平均品位为 2.30%，回收率仅损失 4.54%，产率可以减少 22.66%，相当于处理量提高 22.66%，或者说品位上升 23.43%。

重晶石在细粒级含量较高。进一步的解离度分析结果见表 7-5。

表 7-5 重晶石解离度测定

粒级/mm	产率/%	闪锌矿/%		
		单体	连生体	
			>1/2	<1/2
+0.18	4.81	0	92.9	7.1
-0.18+0.124	7.71	14.9	68.7	16.4
-0.124+0.074	10.14	23.8	42.3	24.9
-0.074+0.048	22.23	61.2	31.2	7.6
-0.048+0.031	30.38	79.7	15.1	5.2
-0.031	24.73	>95		
合 计	100			

从表 7-5 可知，重晶石的嵌布粒度较细，原矿-0.18mm 出现一定数量的单体。

7.3.1.2 铜尾矿的可磨度测定

磨矿采用实验室锥型球磨机进行磨矿试验。磨矿试验流程见图 7-17，磨矿产品筛析结果见表 7-6，磨矿曲线见图 7-18。

表 7-6　尾矿磨矿的筛析结果

磨矿时间/min	2	3	4	5	6
−0.074mm 含量/%	78.29	83.4	88.6	92.1	95.9

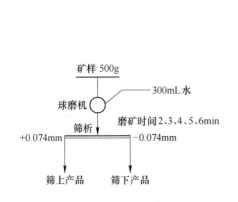

图 7-17　尾矿磨矿试验流程　　　　　　图 7-18　尾矿的可磨度曲线

7.3.1.3　磨矿产品的单体解离度分析

（1）制备的尾矿矿样作为磨矿的给矿，分析其单体解离度见表 7-7。

表 7-7　尾矿中重晶石单体解离度　　　　　　（%）

单体	连　生　体			
	>3/4	3/4~1/2	1/2~1/4	<1/4
46.67	11.44	12.89	15.30	13.70

（2）尾矿磨矿至−0.074mm 含量 83.4%时，单体解离度见表 7-8。

表 7-8　−0.074mm 83.4%磨矿产品重晶石单体解离度　　　　（%）

单体	连　生　体			
	>3/4	3/4~1/2	1/2~1/4	<1/4
94.3	3.7	1.5	0.4	0.1

欲使重晶石有用矿物在浮选过程中有效分离并富集回收，矿石需碎磨至基本单体解离。采用一段磨矿工艺，磨矿产品细度以−0.074mm 在 83.4%左右比较合适。

7.3.2　铜尾矿提取重晶石的重选试验

7.3.2.1　重选试验流程

重晶石的相对密度为 4.3~4.7，石英的相对密度为 2.5~3，两者具有密度差异，可以通过重选预先提高选矿品位。对原矿直接筛分成两个粒级，分别对 0.074mm 筛上产品进行摇床选矿，试验流程见图 7-19。

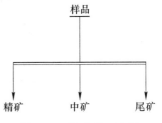

图 7-19 摇床试验流程

7.3.2.2 重选试验结果

对粗粒级（+0.074mm）的产品进行摇床重选，试验结果见表 7-9。有一定的分选效果，尾矿达到 1%左右，可以考虑摇床抛尾，包括中矿，合计产率为 19.56%，品位 1.41%，$BaSO_4$ 损失仅 2.29%。同时结合前面的分级，+0.074mm 产品分级出来后可以考虑进行重选，回收一部分品位高的产品。

表 7-9 +0.074mm 产品摇床试验结果

产 品	产 率	$BaSO_4$品位/%	$BaSO_4$回收率/%
精矿	29.54	4.3	56.09
中矿	22.03	2.14	20.81
尾矿	48.43	1.08	23.10
合 计	100	2.26	100

表 7-10 是 -0.074mm 产品摇床试验结果。对细粒级，由于有一部分细粒级的产品品位较高，而又不能用摇床回收，直接进入尾矿，所以尾矿品位极高，几乎没有什么分选效果。

表 7-10 -0.074mm 产品摇床试验结果

产 品	产率/%	$BaSO_4$品位/%	$BaSO_4$回收率/%
精矿	20.87	21.01	32.44
中矿	27.34	8.71	17.61
尾矿	51.79	13.04	49.95
合 计	100	13.52	100

7.3.3 铜尾矿提取重晶石的浮选试验

7.3.3.1 磨矿细度对浮选的影响

尾矿中 -0.074mm 含量已经占 70.9%，可以考虑直接浮选。浮选流程见图 7-20。不同磨矿细度下，矿石的浮选试验结果见表 7-11。

结果表明，在磨矿细度在 -0.074mm 达到 83.4%时，精矿中硫酸钡的回收率和品位相对最好，品位为 25.34%，回收率 87.49%；随着磨矿细度的增加，锌的品位和回收率都下降，磨矿细度 -0.074mm 为 92.0%时，锌的品位只有 20.66%，回收率只有 85.56%。综合考虑以 -0.074mm 达到 83.4%磨矿细度较合适，现场一段磨矿就能达到要求。

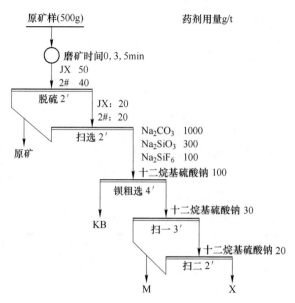

图 7-20　不同磨矿细度的粗选试验流程

表 7-11　不同磨矿细度浮选试验结果

磨矿细度	产　品	产率/%	品位/%	回收率/%
−0.074mm70.90%	硫精矿	8.14	8.13	5.99
	钡精矿	39.26	24.36	86.66
	中矿	17.98	2.62	4.27
	尾矿	34.63	0.98	3.08
	合　计	100	11.03	100
−0.074mm83.4%	硫精矿	7.39	10.36	6.12
	钡精矿	43.21	25.34	87.49
	中矿	19.73	2.61	4.11
	尾矿	29.67	0.96	2.28
	合　计	100	12.51	100
−0.074mm92.00%	硫精矿	7.58	9.83	6.82
	钡精矿	45.25	20.66	85.56
	中矿	24.01	2.56	5.63
	尾矿	23.15	0.94	1.99
	合　计	100	10.93	100

7.3.3.2 药剂制度

粗选药剂制度如下：脱硫黄药用量为 50g/t，粗选时间为 4min，以十二烷基硫酸钠和油酸作为选矿的捕收剂，其中十二烷基硫酸钠用量为 80g/t、油酸用量为 20g/t，调整剂碳酸钠用量为 2000g/t，以硅酸钠和氟硅酸钠作为抑制剂，其中硅酸钠用量为 400g/t、氟硅酸钠用量为 100g/t。

一段精选抑制剂用量为 250g/t，即硅酸钠和氟硅酸钠用量分别为 200g/t、50g/t。

7.3.3.3 开路实验

采用一段磨矿和精矿再磨两种方案进行对比试验，一段磨矿试验流程见图 7-21，结果见表 7-12。精矿再磨试验流程见图 7-22，结果见表 7-13。

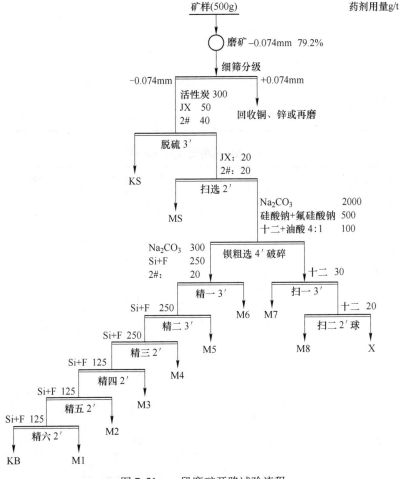

图 7-21 一段磨矿开路试验流程

表 7-12   一段磨矿流程开路试验结果

产　品	产率/%	品位/%	回收率/%
+0.074mm	20.02	2.05	3.58
硫精矿	6.42	11.21	6.28
硫中矿	1.96	11.14	1.90
硫酸钡精矿	3.14	92.45	25.29
中矿 1	1.52	68.87	9.12
中矿 2	1.36	48.58	5.74
中矿 3	2.47	29.85	6.44
中矿 4	4.58	18.71	7.48
中矿 5	9.13	13.14	10.47
中矿 6	15.65	10.55	14.40
中矿 7	3.21	6.45	1.80
中矿 8	1.63	4.45	0.63
尾矿	35.15	2.24	6.87
合计	100	11.465	100

表 7-13   精矿再磨流程开路试验结果

产　品	产率/%	硫酸钡品位/%	硫酸钡回收率/%
硫精矿	8.03	11.34	7.92
硫中矿	2.45	11.12	2.36
硫酸钡精矿	3.53	94.68	29.06
中矿 1	1.90	69.21	11.42
中矿 2	1.69	40.14	5.91
中矿 3	3.09	23.25	6.24
中矿 4	5.73	14.71	7.32
中矿 5	11.42	9.14	9.07
中矿 6	19.56	6.55	11.13
中矿 7	4.01	3.45	1.20
中矿 8	2.04	2.45	0.43
尾矿	55.63	1.64	7.93
合计	100	11.509	100

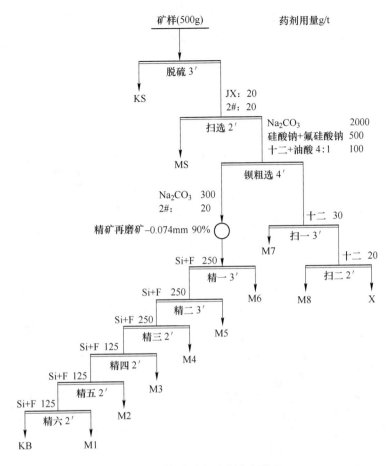

图 7-22 精矿再磨开路试验流程

开路试验结果表明：方案一中，经一次粗选和两次扫选锌的回收率为 81.37%（即表 7-12 中硫酸钡精矿、中矿 1-8 之和），粗选产品经六次精选，硫酸钡品位为 92.45%；方案二中，经一次粗选和两次扫选锌的回收率为 81.79%（即表 7-13 中硫酸钡精矿、中矿 1-8 之和），粗选产品经六次精选，硫酸钡品位为 94.68%。可见再磨能提高精矿品位，前面确定的条件基本上合适，考虑进一步的闭路试验。

7.3.3.4 闭路实验

根据前面的开路试验结果进行闭路试验，在开路试验中，取得了比较好的指标，进一步做闭路试验，探索中矿返回对整个流程和精矿的影响。

一段磨矿流程中稍微简化，只对磨矿产品 -0.074mm 的粒级进行入选，进行闭路试验。试验流程见图 7-23。

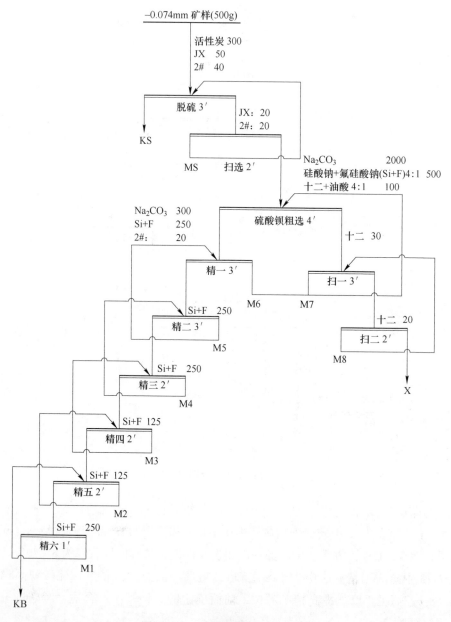

图 7-23　一段磨矿闭路试验流程

　　闭路试验结果见表 7-14。从试验结果可以看出，在闭路试验中取得了较好的指标，对 -0.074mm 产品的精矿产率为 10.96%，品位为 91.68%，回收率为 80.41%。对原矿的回收率为 75.81%。根据表 7-15 中的中矿的回收率和品位，计算出整个流程的数质量流程，闭路试验的数质量流程图见图 7-24。

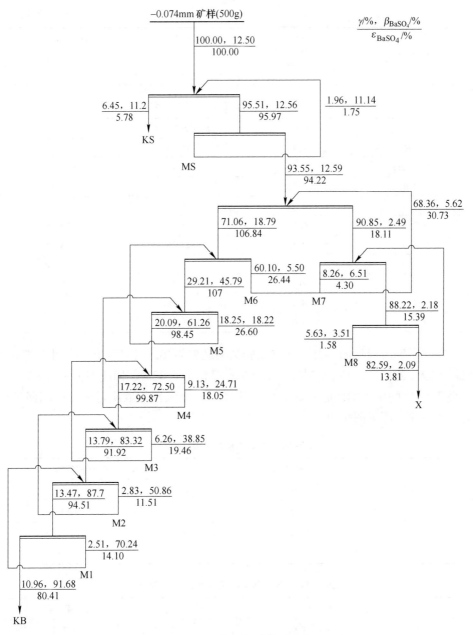

图 7-24 一段磨矿闭路数质量流程

表 7-14 一段磨矿闭路试验结果

产品	产率/%	硫酸钡品位/%	硫酸钡回收率/%
硫精矿	6.45	11.2	5.78
硫酸钡精矿	10.96	91.68	80.41

产　品	产率/%	硫酸钡品位/%	硫酸钡回收率/%
尾矿	82.59	2.09	13.81
合计	100	12.50	100

表 7-15　一段磨矿闭路试验的中矿情况

产　品	产率/%	硫酸钡品位/%	硫酸钡回收率/%
硫中矿	1.96	11.14	1.75
+0.074mm	20.02	2.55	5.01
中矿 1	2.51	70.24	14.10
中矿 2	2.83	50.86	11.51
中矿 3	6.26	38.85	19.46
中矿 4	9.13	24.71	18.05
中矿 5	18.25	18.22	26.60
中矿 6	60.10	5.5	26.44
中矿 7	8.26	6.51	4.30
中矿 8	5.63	3.51	1.58

　　精矿再磨流程见图 7-25，闭路试验结果见表 7-16。可以看出，在闭路试验中取得了较好的指标，精矿产率为 10.24%、品位为 4.32%、回收率为 81.68%。根据表 7-17 中的中矿的回收率和品位，计算出整个流程的数质量流程，闭路试验的数质量流程图见图 7-26。

表 7-16　精矿再磨闭路试验结果

产　品	产率/%	硫酸钡品位/%	硫酸钡回收率/%
硫精矿	6.65	11.22	6.31
硫酸钡精矿	10.24	94.32	81.68
尾矿	83.11	1.71	12.01
合　计	100	11.83	100

表 7-17　精矿再磨闭路试验的中矿情况

产　品	产率/%	硫酸钡品位/%	硫酸钡回收率/%
硫中矿	1.98	11.21	1.32
中矿 1	2.53	71.22	15.23
中矿 2	2.91	51.88	12.76
中矿 3	6.54	39.75	21.98
中矿 4	9.28	25.63	20.11
中矿 5	21.56	18.14	33.06

续表 7-17

产 品	产率/%	硫酸钡品位/%	硫酸钡回收率/%
中矿 6	62.81	5.12	27.18
中矿 7	6.86	4.12	2.39
中矿 8	3.23	2.61	0.71

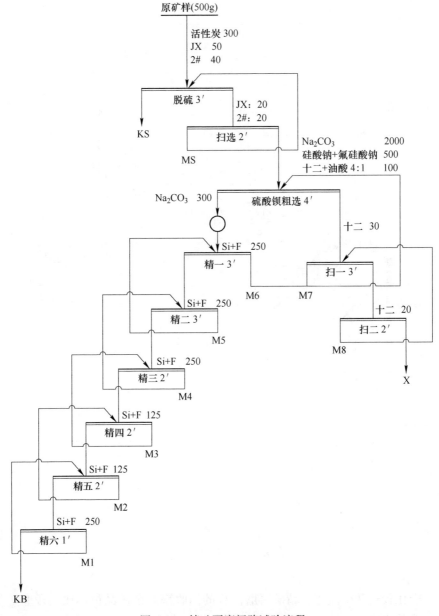

图 7-25 精矿再磨闭路试验流程

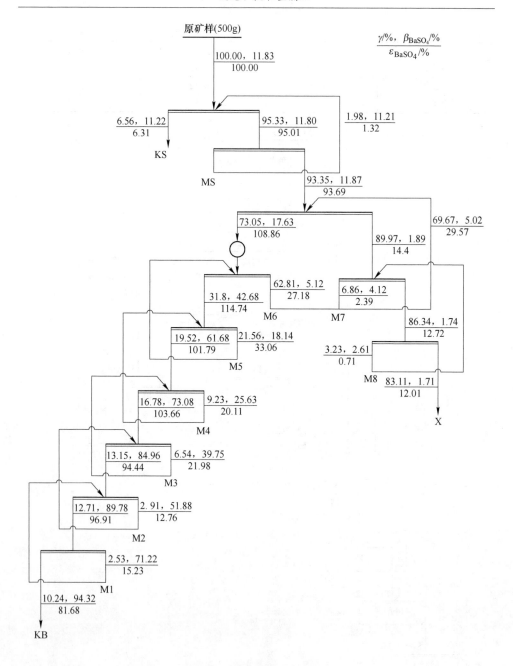

图 7-26　精矿再磨数质量流程

综合比较这两个流程，精矿再磨流程的回收率和精矿品位都比一段磨矿好，而且入磨的产率仅为原矿的 73.05%，可以节省能耗。

7.3.4 重晶石产品的分析检测

7.3.4.1 产品的多元素分析

对闭路试验的产品进行多元素分析，考察其中是否含有有害杂质。多元素分析结果见表7-18，可见精矿中有害成分较低，主要杂质为硅、铝化合物，考虑进一步提纯深加工。

表 7-18 重晶石精矿的成分分析 （%）

$BaSO_4$	SiO_2	Fe_2O_3	Al_2O_3	CaO	$SrSO_4$
92.61	3.19	0.77	1.45	0.70	1.10

7.3.4.2 产品的结构分析

对闭路试验的产品进行XRD分析，考察精矿中的硫酸钡集体形态。XRD分析结果见图7-27，可见精矿中晶格比较完整，在磨浮选矿过程中没有被破坏。

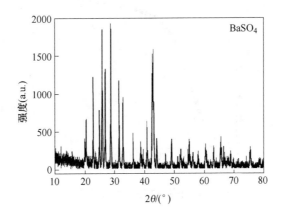

图 7-27 重晶石精矿的 XRD 检测

7.3.4.3 最终精矿和尾矿的筛析结果

分析精矿和尾矿的粒度组成，以便对产品的用途提供根据。考虑到+0.074mm产品还要处理，所以这里的最终尾矿是浮选-0.074mm的尾矿，其粒度组成采用干、湿联合筛分法确定，结果见表7-19。重晶石精矿的粒径采用激光粒度仪分析，测得其平均粒径为15.5μm，90%通过35.6μm。

表 7-19 尾矿筛析结果

粒级 /mm	-0.074 +0.063	-0.063 +0.05	-0.05 +0.04	-0.04 +0.03	-0.03 +0.01	-0.01	水析 -0.01	合计
产率/%	6.9	12.9	16.8	17.1	30.3	9.4	6.6	100

7.4　尾矿沉降测定及废水处理

7.4.1　尾矿沉降测定

沉降试验是在 1000mL 量筒中进行的，试料为浮选闭路试验所得的最终尾矿（矿浆），其液固质量比为 9.2 左右。将矿浆搅拌成均匀悬浮状态，静置并开始计时。记录澄清区与沉降区分界面随沉降时间的变化。待沉降区消失，只存在下部压缩区之后，取上清液样品，测定固体悬浮物质量浓度。

在不添加絮凝剂的情况下，沉降 60min 和 24h 后，上清液的悬浮物质量浓度分别为 1000mg/L 和 200mg/L，pH 值均为 8.1。将所测到的沉降曲线绘制成图 7-28，沉降 2h 后出现明显的澄清区，上清液的悬浮物质量浓度小于 500mg/L，沉降速度为 1.5～1.6cm/min，沉降极限为含 100g 固体的矿浆最终体积 138mL。

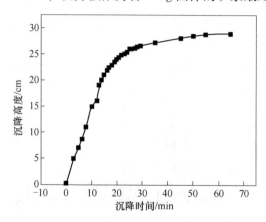

图 7-28　闭路试验尾矿的沉降曲线

以浮选闭路试验最终的锌精矿作试料，其液固质量比为 4.2 左右，将矿浆搅拌成均匀悬浮状态，静置并开始计时，记录澄清区与沉降区分界面随沉降时间的变化，沉降 30min 后出现明显的澄清区，上清液的悬浮物质量浓度为 60mg/L，pH 值为 7.5。

7.4.2　尾矿澄清水的有害离子含量

当尾矿液固质量比为 9.2 时，澄清水的有害离子含量的分析结果见表 7-20。

表 7-20　尾矿澄清水中有害离子含量

离子成分	Ca^{2+}	Pb^{2+}	Zn^{2+}	F^-	As^{3+}	SO_4^{2-}	Cu^{2+}
含量/mg·L^{-1}	40.0	0.12	0.15	1.1	0.2	32	0.01

参 考 文 献

[1] 胡春艳. 天然重晶石粉末表面改性及工艺流程设计 [D]. 重庆: 重庆大学, 2010.

[2] 李占远. 我国重晶石资源分布与开发前景 [J]. 中国非金属矿工业导刊, 2004 (05): 86~88.

[3] 蒋平, 龚瑞明, 宣佳贤, 等. C40 重晶石防辐射混凝土的配合比试验 [J]. 混凝土与水泥制品, 2006 (05): 19~20.

[4] 肖琴. 超细活性重晶石的制备工艺研究 [D]. 长沙: 中南大学, 2013.

[5] 李琳琳. 纳米重晶石亲油化改性及在 PVC 中的应用研究 [D]. 上海: 上海大学, 2007.

[6] 胡佩伟, 杨华明, 胡岳华, 等. 重晶石矿物材料的制备技术与应用进展 [J]. 材料导报, 2008 (S2): 191~194.

冶金工业出版社部分图书推荐

书　名	作　者	定价（元）
中国冶金百科全书·采矿卷	本书编委会　编	180.00
中国冶金百科全书·选矿卷	编委会　编	140.00
选矿工程师手册（共4册）	孙传尧　主编	950.00
矿产资源高效加工与综合利用（上册）	孙传尧　主编	255.00
矿产资源高效加工与综合利用（下册）	孙传尧　主编	235.00
金属及矿产品深加工	戴永年　等著	118.00
选矿试验研究与产业化	朱俊士　等编	138.00
金属矿山采空区灾害防治技术	宋卫东　等著	45.00
尾砂固结排放技术	侯运炳　等著	59.00
粉碎试验技术	吴建明　编著	61.00
蓝晶石矿中性浮选理论及应用	张晋霞　等著	36.00
难选铜铅锌硫化矿电位调控优先浮选工艺	罗仙平　等著	48.00
白云鄂博特殊矿选矿工艺学	于广泉　著	78.00
地质学（第5版）（国规教材）	徐九华　主编	48.00
碎矿与磨矿（第3版）（国规教材）	段希祥　主编	35.00
爆破理论与技术基础（本科教材）	璩世杰　编	45.00
矿物加工过程检测与控制技术（本科教材）	邓海波　等编	36.00
矿山岩石力学（第2版）（本科教材）	李俊平　主编	58.00
新编选矿概论（本科教材）	魏德洲　主编	26.00
固体物料分选学（第3版）	魏德洲　主编	60.00
选矿数学模型（本科教材）	王泽红　等编	49.00
磁电选矿（第2版）（本科教材）	袁致涛　等编	39.00
采矿工程概论（本科教材）	黄志安　等编	39.00
矿产资源综合利用（高校教材）	张　佶　主编	30.00
选矿试验与生产检测（高校教材）	李志章　主编	28.00
选矿厂设计（高校教材）	周晓四　主编	39.00
选矿概论（高职高专教材）	于春梅　主编	20.00
选矿原理与工艺（高职高专教材）	于春梅　主编	28.00
矿石可选性试验（高职高专教材）	于春梅　主编	30.00
选矿厂辅助设备与设施（高职高专教材）	周晓四　主编	28.00